交 界 译 丛

量 子 纠 缠

Quantum
Entanglement

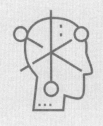

〔美〕杰德·布罗迪　著

周晓青　译

商务印书馆
The Commercial Press

Quantum Entanglement by Jed Brody

Cambridge, Massachusetts: The MIT Press, 2020

© 2020 Massachusetts Institute of Technology

中文版译自麻省理工学院出版社2020年版

中译本序言

我是一位物理学工作者。我觉得自己对物理的热爱离不开那么几次物理学让我感到几近眩晕的幸福。21世纪的头十年，我还在慕尼黑北郊的马克斯·普朗克量子光学研究所读博，能听到的学术报告往往水平不低。某天我看到公告栏里的通知，那一周来所里的访客是阿兰·阿斯佩。我对这个名字并没有多少印象，可当阿斯佩教授带着浓浓的法语口音讲述自己自20世纪80年代如何设计并逐步改进量子纠缠实验从而证实量子力学的"非局域性"时，我被彻底迷住了，这位先生干得可真漂亮！

翻开这本书的亲爱的读者，我在这里记述这一经历，想表达的观点是：物理的美不单来自理论之简洁（$E=mc^2$）。物理学家通过实验一步步缩小范围、逼近真相，临门再来那么一脚，于是真相突然大白，彼时彼刻应该好似有几道圣光从天而至吧。而这道光也散射到了几十年后在听讲座的我身上！我从幸福的眩晕中缓过神来后，检索了这位阿斯佩教授。"什么？他竟然没得过诺贝尔奖？"我简直不敢相信。到了2022年，诺贝尔物理学奖终于授予他、约翰·克劳泽以及安东·蔡林格，以表彰他们在"纠缠光子实验、验证违反贝尔不等式和开创量子信息科学"方面所做出的贡献。这本书正是关于量子纠缠的。

"量子纠缠"这个概念让一些人联想翩翩，我们期待用它来解释众多心理与社会现象，这或许是因为帮助公众理解量子纠缠的寡妇模型、手套模型深入人心。但到目前为止，量子纠缠和我们的日常之间有太多缺环，任何试图建立连接的尝试都包含了太多过于大胆的假设。还有一些人被"量子"二字劝退，"我可学不来薛定谔方程"。不过，看来你倒是有好奇心和胆量来碰触一下"量子纠缠"，不然也不会翻开这本书。那么，开始试试吧，试着跟着本书作者杰德·布罗迪来了解量子纠缠。作者亲身经历了从不理解到理解的过程："我之前不理解量子纠缠，原因之一是从来没拿纠缠粒子做过实验。……现在，我已经做过纠缠粒子的实验，我希望能向每一个好奇的人解释这一现象。"

作者开始先明确"实在性"和"定域性"两个概念。这些概念来自日常经验。比如，大多数人都会觉得落下的硬币哪面朝上，得看到硬币后才知道，但观察只是让我们知晓硬币早已确定的状态，即便没人去看，藏在两手之间的硬币哪面朝上也是确定的。这么说来，我们大家都相信实在性。而定域性，就是对一个物体的测量不会影响任意距离之外的另一个物体。为什么"定域性""实在性"这两个来自日常经验的概念值得作者花大力气重申呢？因为这不仅是一个严肃的哲学问题。如果我们坚持日常经验没错，那又该如何解释量子力学呢？难道是因为有个举足轻重的变量隐藏得太好没被科学家发现吗？

什么是对，什么是错？作者在第二章就给出了答案，即约翰·贝尔1964年的一个惊人理论发现——贝尔定理。正是有了贝尔的理论引导，量子实验犹如雨后春笋般出现，让量子力学的正确性和完备性经历了一次又一次的严峻考验。这些实验的诸多版本，作者都在第三章和第四章予以介绍，并在其中引入多个类比来帮助理解。读到书的最后，我们或许都会认同——定域实在性是错误的。然而正如作者所言"确立真理比推翻错误要难"，我们能说自己完全懂得量子力学吗？于是，书的最后一章留给了多种对量子力学的诠释。

　　作者解释量子纠缠，是参加一次短期培训后受到的启发，他希望将自己从实验中获得的理解分享给大家。我认为这项工作他完成得很棒！我还想补充的一点是，读者不用将这些实验想象得特别复杂，如今它们很容易就能在光学实验室里复现，且还有商业化的教学套件以供选用。我还有一个猜想，这本书再版时可能会多出一章，来介绍量子纠缠的应用。1991年，量子态隐形传输在日内瓦湖底25千米的光纤中首次实现。到了21世纪，中国在这些研究中成绩斐然：2007年，中国科学技术大学研究小组在八达岭和怀来长达16千米的自由空间量子信道中实现了量子态的隐形传输；2022年5月，中国"墨子号"卫星刷新了1200千米地表量子态传输新纪录。量子纠缠生来就带着"实在""真实"等争议性话题，引发哲思，而今天它还在大步前行。它会带着我们人类去哪里呢？一代代的物理工作者在前仆后继地寻找答案、寻找可能性，带着好奇，带着执着，拓展人类认知的边界。

周晓青

2024年12月18日

目　录

前　言　　　　　　　　　　　　　　　　　　1

简　介　　　　　　　　　　　　　　　　　　5

第一章　量子物理的负空间　　　　　　　　　13

第二章　实验挑战哲学观点　　　　　　　　　31

第三章　纠缠的光　　　　　　　　　　　　　43

第四章　对日常假设的严格反驳　　　　　　　59

第五章　与相对论和解　　　　　　　　　　　111

第六章　直接观察是唯一现实吗？　　　　　　133

词汇表　　　　　　　　　　　　　　　　　　159

注　释　　　　　　　　　　　　　　　　　　163

延伸阅读　　　　　　　　　　　　　　　　　169

索　引　　　　　　　　　　　　　　　　　　173

前　言

　　自从高中时读了《物理学之"道"》(*The Tao of Physics*)，我就非常渴望去理解数学之精密，它启发了关于量子物理学的神妙陈述。我越是渴望，对大学物理课就越感到不满：其中数学的精密倒不少，但缺失神妙的陈述。我曾写过一篇学期论文，就是关于即使没有那么神妙也很神秘的量子纠缠。写论文期间，我读了有关纠缠的经典论文，但装进我大脑的信息只够我组织语言完成一篇改述。

　　我之前不理解量子纠缠，原因之一是从来没拿纠缠粒子做过实验。在实验室，抽象概念通过动手操作变得清晰；在实验室，理论学者的提问从自然中获得答案。然而，让所有感兴趣的人把所有有趣的实验做个遍，并不现实。现在，我已经做过纠缠粒子的实验，我希望能向每一个好奇的人解释这一现象。

物理实验教师有时觉得，他们的存在——我们的存在需要证明。我们坚称，实验教育启发学生的方式，永远别想靠课堂讲授完整传达。为了强调这点，我们对教学实验赞不绝口。实验教给我们动手实践的技能，并证明物理学还真行得通。没有什么比直接经历实验更能引发人们对物理的深度思考了。可以肯定，纠缠粒子实验让我更加痴迷于量子之神妙。若没有若干机构和一些人的协助与鼓励，我是做不成这些实验的。

或许是觉得教物理实验课还不够书呆子气，实验教师每三年还要聚到一起，在高等实验物理协会组织的系列会议（ALPhA）上互相学习，并沉浸其中讨论个没完。2012年夏天，会议正好在费城召开，我刚好也在那里看望父母。如果那场会议在其他地方召开，我应该不会去。捍卫休假的我，活像那个贪婪地守护魔戒的咕噜。我决定去参会只是因为会议几乎是在家门口，要避开它似乎还更费事。

我预料参会不是件开心事。即便真心喜欢物理学，我还是更喜欢度假。出乎我的意料，这次会议像度假一样有趣。讲座和工作坊让我很受启发。我在会上了解到以实验教学为目的的纠缠实验。我还了解到，协会将赞助一个为期三日的"沉浸式课程"，培训教师们搭建这项实验。2015年夏天，我到科尔盖特大学参加了沉浸课程，带领我们的是恩里克·加尔韦斯教授。这是我一生中学到最多物理学知识的三天。

完成课程后，我们这批教师可以向乔纳森·莱切特基金会申请一笔经费，用来购买实验设备。真要感谢基金会对我教学实验室的支持。此外，我所在的埃默里大学物理系补足了剩下的费用。

最终催生这本书的，是埃默里大学的交叉学科探索与奖学金（IDEAS）项目。项目组织了"跨斗"（sidecar）课程，要求从不同系现有的两个课程中寻找交叉论题，并共同发起。我想开设一门关于量子纠缠的跨斗课程，并期待这门课由我的高级实验课与一门哲学课共同支撑。但我没找到对此感兴趣的哲学教授。幸好英语系的戴维·费舍有意合作，他教科技写作。就这样，我们创建了这一门跨斗课程，探究人们如何以各种方式撰写量子纠缠。如果不是为了准备这门跨斗课程而去深入研究现有文献，我不会想到要写这本书。

埃琳·博宁、迈克尔·韦斯曼、阿莉莎·班恩斯和汤姆·宾慷慨帮忙，他们读了这本书的手稿，并且做了评注。感谢同事和我开展讨论，特别是谢尔盖·乌拉日金、丹尼尔·韦斯曼、基思·伯兰、文森特·黄、路易斯·桑托斯、阿吉特·斯里瓦斯塔瓦和贾斯廷·伯顿。但书中的错误或不精确之处，由我全权负责。

阿尔伯特·爱因斯坦对量子纠缠的描述令人难忘，他将它描述为"幽灵般的超距作用"[1]。我想到爱因斯坦说过另一句令人难忘的话，这是他1954年写给哲学家埃里克·古特金德的。爱因斯坦解释道，科学家"惊叹于自然定律之和谐，这些定律揭示了一个高等智慧的存在，这便是科学家的信仰"。一本有关物理学的书，或许与观察自然世界美妙和谐的急剧消逝并无关联。但我还是希望把这本书献给自然，祝愿它恢复生机且长久不息。

简 介

量子力学描述原子、光子、电子等微小物体的行为（还有它们不同寻常的行为）。电子的尺寸虽小，却很重要。电子是化学键的黏合剂，量子物理帮我们理解这些化学键如何让金属、塑料、皮肤以及各种其他材料聚拢成型。电子还是计算机芯片的命脉，工程师运用量子物理来设计更快、更小巧的器件。量子物理无论用到哪儿，都是准确无误的。

量子力学最让人惊叹的倒不是它既准确又好用，而是它肆无忌惮地碾压我们的常识。量子物理挑战着我们对现实本身的基本理解。不过要说起来，量子物理的出场真够平淡无奇的，不过是因为当时人们想解释一些枯燥的量化数据。

量子力学最让人惊叹的倒不是它既准确又好用，而是它肆无忌惮地碾压我们的常识。量子物理挑战着我们对现实本身的基本理解。

––––––––––––––––––

举例来说，氢气能发射四种颜色的可见光：紫、蓝、水绿、红。物理学家仔细测量了这四种颜色的光的波长，它们分别是：410纳米、434纳米、486纳米、656纳米。出现这四个特定数字必然是有原因的。但到底是什么原因呢？这让物理学家抓耳挠腮。到了1885年，有一位物理学家提出了一个方程，这个方程能满足所有这四个波长，但是对于这个方程没有解释。它单纯是一个经验的方程式，并没有理论的支撑。

直到1913年，尼尔斯·玻尔提出了能解释这四个波长的理论。他声称，氢原子里的电子受到一定能量的束缚。电子无法平顺地得到或失去能量，它们只能从一个能量级"量子跃迁"（quantum leaps）到另一个能量级。每当电子从一个能量级跌落到更低的一个能量级，它就会以光的形式释放能量。单次量子跃迁所发射的光被称作一个光子。每个光子都有特定的波长，它是光可量化的最小单位。推而广之，我们把某个事物可量化的最小单位称作量子。

这些新出现的量子概念，还能用于解释另外两个神秘现象。马克斯·普朗克用它解释了热物体所发出的光的波长，阿尔伯特·爱因斯坦用它解释了光子如何撞落金属表面的电子。然而，随着量子物理学积累了越来越多的成功案例并日渐成熟，它开始暗示现实的基础本质蕴藏着深层奥秘。

埃尔温·薛定谔提出了量子力学的基本方程，随后于1926年发表，这个基本方程处理了概率问题：一个电子有多大可能出现在这个地方或那个地方。我们对概率并不陌生；扔硬币的结果也能用概率表示。不过一旦硬币落地，哪面朝上就是一个客观事实了，无论有没有人看到。有别于这种我们对客观事实的常规理解，初来乍到的量子理论开始暗示：未被观察的粒子本质上不可知或不确定。面临这一难题，薛定谔也免不了抱怨起该方程的弦外之音，即便这方程还是他自己提出来的。

薛定谔让我们想象一只猫被关在一个不透明的箱子里，箱子里有一个"可怕的机器"。机器里的放射性材料会不定期发射一个粒子，粒子能用盖革计数器探测到。如果盖革计数器探测到一个粒子，就会触发一种毒气的释放，那这只猫就"牺牲"了。放射性材料的释放是由量子物理决定的。量子理论只能说清楚发射一个触发毒气释放粒子的概率有多大。这和扔硬币还不一样。扔硬币后，无论有没有人观察，它要么正面朝上要么反面朝上，而量子的预测就不那么容易解读。量子理论意味着，在测量之前，粒子既非已被发射，也非没被发射，又或者（等同于？）说，既被发射，又没被发射。这种情况下，毒气既被释放，又没被释放，猫既死了，又活着。这种让人困惑的情况会一直存在，直到开始测量。但什么构成了一次测量？是一个观察者有意识地看向箱子里所带来的干扰吗？或者只是被发射的粒子和盖格计数器之间的相互作用？

更糟糕的是，维尔纳·海森堡于1927年证明，我们对电子的位置知道得越准确，就越不能确定电子的速率。电子似乎打定主意不让我们控制它。如果让电子站上证人席，它永远不会说出全部真相（包括它的位置和速率）。然而，电子拒绝说出全部真相，是否暗示着一种更深层的真相呢？是否量子测量让我们瞥见了一个从未完全展露的现实，就像那吹起窗帘的阵阵微风？

有科学家声称，量子物理预测测量结果，再无其他。我们甚至就不该问"这究竟意味着什么"。至少，当我们没在测量粒子时，就不该声称知道粒子在做什么。这是玻尔"哥本哈根诠释"的一种形式。哥本哈根诠释本身又被是否量子测量让我们瞥见了一个从未完全展露的现实，就像那吹起窗帘的阵阵微风？

不同的人以不同的方式诠释。

爱因斯坦等人受够了这些模糊不清、不确定和自相矛盾。如果物理学家在和量子力学的这些特质较劲的时候，《1984》已写成，估计爱因斯坦会谴责他的反对者在双想（doublethink）："双想就是在一个人的头脑中持有并接受 xix同时存在且相互矛盾的两种信念的能力。"[1]可以肯定，自然本身并不会犯双想的错误。量子物理经过一番收拾、改善，一定能在保持其准确的同时消除那些模糊和荒谬。

非同寻常的是，爱因斯坦这次错了。

1

第一章 量子物理的负空间

量子与常识的矛盾形式多种多样。一种尤其严谨的形式，出现在纠缠粒子实验中。如果对两个粒子其中一个进行测量，实际上会立刻影响到无论距离多远的另一个粒子，那么它们就是纠缠的[1]。爱因斯坦把它叫作"幽灵般的超距作用"。更诡异的是，对粒子的测量所揭示的并非粒子始终都有的属性。在测试前，粒子的属性不仅是未知的，而且还是未确定的；而测量以某种方式改变了属性——它们不再模糊，变得清晰。

这本书的目的是帮你深刻理解，我们出于常识做出的假设是如何带来约束的——而纠缠粒子挣脱了这些约束。换句话说，这本书解释了量子物理不是什么。我们的任务是描绘量子物理的负空间，这个空间由看似可信的理论组成，但这些理论都无法解释测量结果。我用"负空间"一词，类似艺术家用它来形容主体周围的空间。想象一个充满概念的空间。如果我们围绕量子物理画一条边界，那么我们的日常假设将占据这条边界之外的空间，也就是负空间之外的空间。我们的日常假设与纠缠粒子的实验相矛盾，你或许会因此感到惊讶、生气，又或者，会感到奇妙。

数学是媒介，通过数学，我们的假设就能通过做实验来验证。要理解日常假设与纠缠粒子的测量相矛盾，只需用到逻辑和算数。这让我们不禁松口气，或许还会觉得奇怪：毕竟理解火箭、半导体、热传导以及很多其他话题所需要的数学更难。不同于这些技术话题，量子纠缠涉及的是关于现实的基本本质。或许这是自然在致歉：既然自己在最深层面上表现得如此奇怪，那么就让它的负空间在数学上能为我们所有人通达。

那么，量子纠缠的数学是否告诉了我们关于宇宙的令人迷惑的，甚至是神秘的事情呢？又或者，我们应该对量子与日常假设相矛盾感到困惑吗？为了回答这个问题，我们将深入简单但严谨的逻辑。我们会看到，日常假设为可测量量设置了简单的数学约束。量子理论和测量数据两者

3

都违背了这些约束。

对纠缠粒子的测量,与以下假设中至少一条相矛盾:

1.实在性:无论有没有人观察,物体都具有属性。观察只是揭示了物体始终具备的属性。

2.定域性:对一个物体的测量不会影响任意距离之外的另一个物体的测量。

两者结合被称为**定域实在性**。这种假设认为,物体具有明确的属性,无论我们是否了解,无论我们是否测量。定域实在性根深蒂固于我们的常识。我测量我的左脚长度,是在确定左脚本来就有的长度,而且测量不会影响我的右脚长度。然而如果我的这双脚是纠缠的粒子(还别说,我试着跳舞时,双脚确实会在某种意义上纠缠到一起),那么这一常识假设就大错特错了。

实验怎么会和我们的日常假设相矛盾呢?我计划在这本书里回答这个问题。大家可能没料到,一个哲学假设还能有数学推论,可以由实验来验证。不过定域实在性并非唯一有数学推论的哲学假设。地心说也可以被描述为一种哲学假设[2]:"因为我们在这个宇宙中地位优越,所以一切都必须绕着我们的星球转。"这个假设并非显然会产生数

4

学推论。尽管如此，古代和中世纪的天文学家仍然在它的数学推论上付出了巨大努力。他们必须解释为什么其他行星偶尔会逆行，就像是回头寻找失物。主张地心说的天文学家想出了非常复杂却很精确的数学模型。然而最终，证据铺天盖地而来，且人们偏好简单统一的理论，这些天文学家被迫放弃了地心假设。同样地，我们会看到，也正是实验证据逼着我们放弃定域实在性这一日常假设。

读这本书并不会特别轻松。但我拿逻辑谜题类比量子系统，有一定娱乐性。有别于大多数逻辑谜题，这些类比不随意不牵强，它们象征着量子物理的预测，因此也象征着现实的终极本质。除了类比，我们还将研究实际的实验室观察，包括与定域实在性相矛盾的第一个实验。

所有物理学家都同意量子力学（物理学家是这么称呼量子物理的）的数学预测。而且所有物理学家都认为，实验完全证实了量子预测。但物理学家对如何诠释量子力学还没有达成共识。在本书结尾，你将理解这一让我们不得不放弃日常假设的推理，然后你将有能力自己得出结论。

进入微观世界前，让我们来想象日常的物品，比如计算机和硬币。在这个基于熟悉对象的语境中，我们将发展一些后面会用到的概念。接下来的几章，我们将研究粒子，它们直接受制于让人不安但迷人的量子定律。

隐变量

让我们从想象一台计算机开始。想象我们每次按下计算机键盘的空格键，显示器上就会出现一个随机数字。如果显示的数字只有个位数，那么出现的数字有10种可能：0、1、2、3、4、5、6、7、8、9，且这些数字出现的概率相同，都是10%。如果我们对这些随机数字很感兴趣，就会想要发展一种理论来解释计算机内部到底发生了什么。

起先，我们只是希望能有个理论总结我们的观察：从0到9这些数字会有约10%的可能出现。这个理论就是概率论：它告诉我们未来结果的发生概率，但不预测每一次会是什么结果。这挺让人失望的。我们猜想，如果知道计算机使用的算法，我们就能预测每次按下空格键究竟会出现什么数字。

因此我们开始考虑计算机程序可能用到的算法。比如，看起来随机的数字可能是基于计算机里一个隐藏的时钟而生成的。想象这个时钟精确到微秒，那么从0.000秒开始的下一个时刻是0.001秒，并一直这样增长。那个看似随机的数字，或许只是我们按空格键时隐藏时钟时间的最后一位数字？如果我们按空格键时，这个隐藏时钟的数值是143.852，那么计算机会显示最后一位数字2。如果我们按空格键时，隐藏时钟的数值是5762.267，那么计算机会显示最后一位数字7。显示的数字看起来随机，是由于这个隐藏时钟的最后一位数字与我们按下空格键的偶然决定之间毫无关联。

虽然这一切只是我们的猜想，但让我们进一步发展这个理论。我们把隐藏时钟的最后一位数字叫作隐变量（hidden variable）。我们要发展的理论就是一个隐变量理论。让我们把这个隐变量记为λ。如果这个隐藏时钟数值是143.852，那么λ=2。如果这个隐藏时钟数值是5762.267，那么λ=7。我们把计算机显示器上显示的数字记为N。因此，我们的隐变量理论可以简单表示为：

$$N=\lambda$$

7

显示器上显示的数字等于隐变量。

我们刚才提出的隐变量理论对λ隐藏得还不够，因为λ恰恰等于显示出来的N。我们另外又想出一个隐变量理论，其中：

$$N=9-\lambda$$

这里的λ还是隐藏时钟的最后一位数字。但现在，当隐变量λ=0时，显示的数字N=9。这个新的隐变量理论和之前那个理论一样，也会产生看似随机的数字。事实上，我们还能想到好多方程，来解释显示的随机数N和隐变量λ之间的关系。比如再举一个例子：N=λ+1（当λ不等于9时），N=0（当λ=9时）。同样可信的隐变量理论（用λ表达N的方程）还有很多。

我们甚至还可以考虑隐变量λ的其他来源。或许λ不是基于一个隐藏时钟，而是基于按空格键时正在观看小狗网络视频的人数；这个信息计算机程序能上网搜到。又或许λ是基于黄金的价格、内罗毕的城市气温，又或许λ是基于计算机内部或者网络上的一些数据。这样的例子多到

8

不胜枚举。

我们能想到很多量，它们都可以用来产生λ。我们相信计算机程序在这些情况下，都会用到一些算法，根据隐藏的数字λ来确定显示的数字N。计算机可不会无中生有产生出N来。

我们一开始把N定义为显示器上显示的数字，而现在重新定义它是由λ计算出来的一个量；λ会随时间变化，但每时每刻λ都有一个精确的数值。既然可以从λ计算出来N，那么每时每刻N也有一个精确的数值，就算我们没有一直按空格键。因此N这个量是存在的，至少在数学上它是存在的，无论我们是否观察它。

让我们把隐变量理论和我们一开始提到的概率论做一番比较。概率论只是说，从0到9的数字各会在10%的情况下出现。概率论是**真的**，但也是**不完备的**（incomplete）。它不能肯定地预测将要显示的数字，因为这个理论缺少一些事实。而隐变量理论是完备的，因为它能非常肯定地预测任何时刻要显示的数字。例如，我们可以提出一个隐变量理论：显示的数字N是网络上观看小狗人数的最后一位数字，那么我们通过找到我们按空格键时网上究竟有多少人在看小狗视频，就能来验证这个理论是否正确。隐变量理论既有可能对，也有可能错，但它总在确切预测每一时刻的N是多少。

假设我们提出了一个准确的隐变量理论。那么，概率论与隐变量理论是相符合的。具体来说，隐变量理论肯定地预测N，而概率论准确地给出N各种不同的可能值出现的概率。

扔硬币

想象扔一枚硬币。（但你可以不只是想想。这个实验的器材花不了多少钱！如果你连一枚25美分的硬币都花不起，那把这本书卖了吧。如果没人觉得这本书值25美分，或许可以卖10美分。5美分？1美分？有人吗？）

用大拇指把硬币弹到空中。当硬币在空中旋转时，用一只手从上往下把硬币拍到另一只手的手背上。不要拿开上面这只手，好好盖住硬币。即便不看你也知道：硬币要么正面朝上，要么反面朝上。我们说这是硬币两种可能的态（states）。

10

即便你没法穿透手背看到硬币，你相信这枚硬币的态是确定的吗？又或者这枚硬币的态不仅是未知的，而且在观察前还是不可知的？

即便你没法穿透手背看到硬币，你相信这枚硬币的态是确定的吗？又或者这枚硬币的态不仅是未知的，而且在观察前还是不可知的？直接观察是唯一的现实吗？只有被观察时，硬币确定的态才存在吗？大多数人或许相信，硬币的态在你把它拍到手背上时就已经确定了。我们看到硬币，才知道硬币的态，但观察只是去揭示硬币已经所处的态。如果我们相信，即便没人去看，藏在两手之间的硬币也有它确定的态，那么我们就相信了实在性。实在性认为，物理态的存在与是否有人观察它们（或是否有实验仪器在测量它们）完全无关。如果我们不知道两手之间硬币的态，那只是因为我们无知；硬币有明确的物理态，只是我们碰巧不知道罢了。

让我们试着概括出一个能预测硬币的态的理论。首先，我们或许会试着描述在反复实验后我们观察到了什么：大约在一半的情况下我们观察到正面朝上，在另一半的情况下我们观察到反面朝上。这是一个关于概率的理论，我们想试着做得更好。我们希望自己的理论能与物理实在一致。如果硬币在我们观察前就拥有一个确切的态，那么我们的理论应该能够在观察前就预测到这个确切的物理态。概率论是准确的，但不完备，因为它没法确定地预

12

测每次的结果。

如果我们想在观察前预测硬币的态，就需要大量运用物理学。我们必须考虑所有作用于硬币的力：我们拇指对硬币的弹射、硬币的重量、空气阻力的影响，从上往下盖硬币那只手对硬币的影响。我们还要知道这些力分别作用于硬币的哪个位置：我们拇指弹的是硬币的边缘吗？还是更靠近中心？我们需要知道硬币弹出去前的初始朝向。或许还有很多其他参数我们还没有想到。我们并不真的想经历一遍提出一个完整理论的全过程，所以这里我们不需要列举出所有能影响硬币最终态的参数。事实上，这些产生影响的参数都被我们统称为隐变量。

即便没构建起一个隐变量理论，我们也知道一些关于它的事情。它是完备的：每次都确切地预测到硬币的最终态。它满足实在性：即便没有任何人在观察，它也给硬币分派了一个最终态。它与概率论相容：也预测到一半时间正面朝上、一半时间反面朝上。只不过在隐变量理论里，没有什么是真正随机的[3]。相反，隐变量的各种常见的变化（拇指弹硬币的速率和角度等）导致了一种预测：正面朝上的次数正好等于反面朝上的次数。

摇两个硬币

现在让我们想象，合拢双手摇两个硬币。（实验的成本也翻倍了。照这样下去，到本书结尾，你需要一个粒子对撞机了。）你已经知道，其中一个硬币是1999年的，另一个硬币是2000年的。你把这两个硬币摇得都不知道哪个是哪个了。现在把它们分开，两手心各托着一个硬币，用手指盖着硬币别让眼睛看到它们。

在你打开手心观察硬币前，硬币的年份已经是一个物理实在了吗？还是说，硬币的属性只有在观察时才开始存在？我们问的是关于实在性的问题：即便没人看到或确定地知道，你左手中硬币的年份是一个物理实在吗？

如果此处我们不承认实在性，就会发生一些奇怪的事情。如果左手硬币的一个特定属性（年份）只有当观察的那一刻才存在，那么右手硬币也必然同时获得了**另一个**年份。说起来有点荒诞：对一个硬币的观察，影响了另一个硬币。

常识让我们无法接受这种荒谬。常识告诉我们，对一个硬币的观察不会影响另一个硬币（即便它俩之间只有一

14

臂之遥）。这就是我们日常的定域性假设：观察一个物体不会影响到远方的另一个物体。事实上，定域性就隐含着实在性。如果观察一个硬币不会影响到另一个硬币，并且观察到两个硬币总是具有不同的年份，那么两个硬币从来都是不同年份的。定域性和实在性的这种结合，就是**定域实在性**：物体拥有的属性，其存在不取决于是否有人观察它们，它们不受对远距离物体观察的影响。

让我们对比几个不同的观点。假设你摇两个硬币，然后两只手中各藏一个硬币。静思片刻后，你打开左手发现其中的硬币是1999年的。那么，还没打开的右手里的硬币是哪年的？

- 定域实在性：左手中的硬币始终都是1999年的，所以右手中的硬币始终都是2000年的。观察到1999年的硬币不过是告诉我们，它们一直各在哪只手里。观察不会影响任何被观察的或没被观察的硬币。
- 观察改变物理现实：左手中的硬币在你观察的那一刻成了1999年的。同时右手中的硬币成了2000年的。我们不敢在观察前期望知道硬币的年份。

16

定域性和实在性的这种结合，就是定域实在性：物体拥有的属性，其存在不取决于是否有人观察它们，它们不受对远距离物体观察的影响。

————————————————

- 直接观察是唯一现实：未观察的属性是不存在的；任何我们感知之外的东西都毫无意义，只是想象，而非现实。当你观察左手中的硬币时，它就获得了属性（年份，1999年）。没被观察的右手中的硬币还没有任何属性（你无法感知），即便你知道，一旦观察，就会看到它是2000年。

以上这些观点，不管有没有说服力，都无法拿证据去反驳：既然我们只能通过观察来获得证据，我们又怎么能在观察前就获得证据？然而，物理学家意外发现：

- 定域实在性对可测量的量设置约束。（这个出人意料的事实有好几个版本，本书在后面会详细证明。）
- 对纠缠粒子的测量违背了定域实在性所设置的约束。
- 因此，定域实在性对纠缠粒子来说不是一个合理的假设。

17　　这本书通过量子力学和定域实在性不相容这一（几

乎）无可争议的事实，让你亲自得出结论。

让我们把定域实在性应用于这两个硬币。（既然量子力学显然不适用于硬币，定域实在性就是一个合理的观点。）如果窥见任何硬币前，1999年的硬币就在左手，那必然是一些力的组合让它到了你的左手里。原则上，我们能提出隐变量理论来预测哪个硬币最终落在哪只手里。这些隐变量包括你在摇硬币前它们的初始位置、你两只手拱成一圈的确切形状、摇硬币的速率与力度。我们想要强调，观察一只手里的硬币不会影响另一只手里的硬币，所以这个理论是一个**定域**隐变量理论。定域隐变量理论与简单的概率论相符，概率论只给出每种可能结果有50%的概率。定域隐变量理论在概率论的基础上更进一步，它能预测每次试验的**确切**（exact）结果。

讨论真实的粒子及其纠缠前，让我们回顾这一章的关键点：

- 隐变量理论假设，看似随机的过程实际是由我们没能充分意识到的影响所决定的。如果我们确切知道所有的影响，那么我们就能确切预测所有结果。

18

- 一个准确的隐变量理论，要和观察到的结果的概率相符合。比如，描述扔硬币的隐变量理论要能预测到有一半时间会出现正面朝上，还要能预测到哪几次扔的是正面朝上。

- 实在性认为，物体拥有的属性，其存在不取决于是否有人观察它们（或者是否由任何实验设备在测量它们，我在这里将"观察"和"测量"换着用）。

- 定域性是这样一种信念，认为对一个物体的观察不会影响远距离外的另一个物体。

- 如果把两个硬币摇匀然后分开，定域性隐含着实在性：如果观察一个硬币不会影响另一个，且观察两个硬币总是有不同的年份，那么它们必然是在观察前就是不同年份的了。

- 此后的章节都将详细展示，定域实在性假设对可测量的量设置了约束。对纠缠粒子的测量违背了这些约束。

2
___

第二章　实验挑战哲学观点 19

我们知道电子有电属性：它带负电。电子还有磁属性，叫作自旋。人们第一次实验观察到自旋，是瞄准一束银原子穿过一个磁场，这个磁场在空间分布上有强有弱[1]。（要创建这样的磁场，我们需要一块马蹄形磁铁，并将其中一极削尖。）我们把原子送到磁铁的两极之间，就会发现没有一个原子能笔直穿过这个磁场，一些原子向北极偏折，另一些向南极偏折（图1）。就像我们扔硬币，肯定只会出现两种结果。

做这个实验，人们一般用的是呈中性的原子，而不用从原子中分离出来的带负电的电子。电荷带来的偏折要远远盖过自旋带来的偏折。但假想实验的魅力就在于我们可以忽视这些麻烦的细节。让我们来做一系列的假想实验 20

1

31

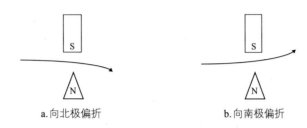

图1　箭头表示银原子穿过磁场，其中一些向北极偏折（a），
另一些向南极偏折（b）。

吧：我们忽略电荷带来的偏折，假设电子的偏折是来自它的自旋。

想象我们拿一些特殊的电子对做实验。假设从同一个源头发射出两个电子，它们沿着不同方向行进。每个电子都遇到了一个磁场。如果这两个磁场方向一致，那么两个电子总是会朝着相反方向偏折：一个朝北而另一个朝南（图2）。由于一个电子的行为与另一个电子的行为强关联，我们就说这是两个纠缠的电子。

在后面的章节中，我们会讨论产生纠缠粒子的实验方法。在实验室里，纠缠的光子比纠缠的电子更容易操作。但我们现在还是先把这些实际考量放到一边。

想象我们观察到许多纠缠的电子对穿过磁场。有一半

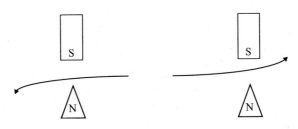

图2　一对纠缠的电子带着相反的磁性质：如果磁场方向一致，那么一个电子如朝北极偏折，而另一个必然朝南极偏折。

21

时间，左边的电子向北偏折，右边的电子向南偏折。另一半时间，相反情况发生：左边的电子朝南偏折，右边的电子朝北偏折。

　　关键问题来了：每个电子最终被观察到的磁属性，是它始终有的，还是它在接近磁铁的途中"下的决定"？换句话说，测量告诉我们的，究竟是电子始终都有的属性，还是由测量引起的根本性变化？这问题听着有点傻，起码这是个没法通过现象观察来验证的问题。电子是或不是一直处于它被测量到的态，有什么区别；而如果它们直到最 22 后一刻才做出决定，又有什么大不了呢？我还真处在这种悬而未决的状态过，比如我在餐厅里想不好要点什么，直到服务员来了，他做的"测量"让我不得不做出决定。

为了不破坏定域性（躲开远距离的幽灵效应），我们寄希望于实在性。根据实在性，我们最终测量到的属性是电子始终自带的。

这可了不得：如果两个电子最后一刻才做出决定，那么它们必须做出相反的决定。如果一个选择朝北偏折，另一个就必须选择朝南偏折。身处异地的它俩，是如何超越定域性相互协调的？如果两个电子在最后一刻做出决定，而且做出的决定总是相反，那么它们就像一对有心灵感应的双胞胎（如果你能原谅我这么打比方）。这是一个"幽灵般的超距效应"，而爱因斯坦极力论证不可能存在这种情况。

为了不破坏定域性（躲开远距离的幽灵效应），我们寄希望于实在性。根据实在性，我们最终测量到的属性是电子始终自带的。1935年，爱因斯坦宣称量子力学理论与我们在第一章讨论的扔硬币的统计理论类似，是一个不完备的理论[2]。他认为电子朝相反方向偏折，是因为它们生来就有相反的磁属性。量子力学无法提前告诉我们每个电子将要怎么偏折，它只告诉我们每个电子有50%的概率向北偏折，而另一个电子就必须向南偏折（如果磁场方向一致）。

如果我们相信每个电子出发时拥有确定的磁属性，那么一个完备的理论应该能预测每个电子出发时的磁属性。

假设存在这样一个完备理论，我们还不清楚其中的细节，我们甚至不知道什么因素预先确定了电子的属性。因为这些未知因素是隐形的变量，所以这个假设存在的完备理论是一个隐变量理论。具体来说，我们感兴趣的是一个定域隐变量理论：它能预测单个电子的测量结果，这个结果和电子对中的另一个电子无关。因此，一个定域隐变量理论表达的是定域实在性这一假设。

几十年间，物理学家认为，原则上来说，定域隐变量理论能让量子物理完备，填补量子物理所缺失的信息，用确定性替代概率。但这个问题似乎是一个学术之争或哲学观点之争，无法用实验来验证：一个电子在被测量之前的状态由一个定域隐变量所决定。那么，在测量电子前，能测量到电子所处的状态吗？似乎不可能。

1964年，约翰·贝尔做出了一个惊人的理论发现——贝尔定理[3]。一开始的几年，他的原稿无人问津，但在此后的几十年间，人们对这一发现越来越狂热。贝尔证明，任何定域隐变量理论都会对可测量的量设置一个约束。对可测量的量的这一约束，如今被称为贝尔不等式。如果测量结果违背了这一约束，那么定域隐变量理论就是错的。

此外，因为量子物理预测了对贝尔不等式的违背，量子物理和定域隐变量理论从根本上互不相容。如此一来，爱因斯坦的希望落空了：一个定域隐变量理论是无法让量子力学完备的；两者只会互相矛盾。而因为可测量的量决定了贝尔不等式是否被违背，所以可以通过实验来确定我们的现实世界究竟是符合量子力学，还是符合定域隐变量理论；我们不可能同时拥有两者。我们来重复关键的几点：

- 贝尔不等式是对可测量的量的约束。可以做一个实验来验证贝尔不等式。实验要么满足贝尔不等式，要么违背贝尔不等式。
- 如果实验满足贝尔不等式，那么实验符合定域实在性，违背量子力学。
- 如果实验违背贝尔不等式，那么实验符合量子力学，违背定域实在性。

实验结果实际上违背了贝尔不等式，因此量子力学得26到确认，所有可能的定域隐变量理论都被否定。这是什么意思呢？也就是说，要么定域性是错的，要么实在性是错的，也可能两者都是错的：有可能一个电子确实受远距离电子或远距离磁场的影响，有可能这个测量活动为一个电子创造出了一个确定的、它此前没有的磁属性，又或者这两种奇怪的现象都发生了。（我们这里并没有给出所有对量子力学的诠释，但给出了拒绝定域实在性的几种有代表性的可能后果。）

本书不去证明贝尔原创的定理，否则会用到太多数学。幸好，物理学家提出了简化版的贝尔定理。第四章里有其中一些简化版本，到时候我们会证明，测量到的数据违背了定域实在性这一哲学假设。

至于现在，我们不去证明为什么贝尔定理是正确的，而是来探究贝尔建立的事实。贝尔让我们想象，旋转电子对将要经过的磁场。比如，我们将一个磁场相对于另一个磁场旋转180°。如果这么做了，我们就会发现两个电子总是朝向同一个磁极偏转：要么都是北极，要么都是南极（图3）。

现在我们想象把磁铁旋转任意角度，不仅限于180°。如果磁铁南极在北极的正上方（就像图2中的磁铁），那么我们称这个磁铁呈0°角；如果北极在南极的正上方，这个

28

要么定域性是错的，要么实在性是错的，也可能两者都是错的。

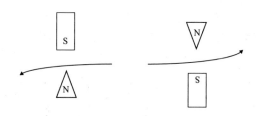

图3 如果将一个磁场相对另一个磁场旋转180°，那么两个电子总会朝
　　向同一磁极偏折：要么都是北极（如图），要么都是南极。

磁铁就呈180°角。我们做实验时，每块磁铁都能设置到任
意角度。

　　贝尔让我们只考虑两个数字：+1和−1。如果两个电
子都朝同一个磁极偏折（要么都朝北极，要么都朝南极），
我们就记+1。如果它们朝相反磁极偏折（一个北极，一个
南极），我们就记−1。因此，如果两个磁铁方向一致，电
子总是朝向相反磁极偏折（图2），我们就一直记−1。如果
一个磁铁相对另一个翻转180°，两个电子总是朝着相同的
磁极偏转（图3），我们就一直记+1。

　　贝尔让我们考虑三种不同的磁铁角度。我们选择0°、
45°、90°。然后他让我们这么做：

　　把一个磁铁设置到0°，另一个到90°。观察多组电子对

29

穿过磁铁。每一对，都记下 +1 或 −1，分别用来表示电子朝相同或相反磁极偏折。然后计算所有这些数的平均数。我们把这个平均数称为 A [4]。（它的数值在 −1 到 +1 之间。）

把一个磁铁设置到 45°，另一个到 90°。再次观察多组电子对穿过磁铁，每一对，都记下 +1 或 −1。取平均数，这个平均数我们称为 B。

把一个磁铁设置到 0°，另一个到 45°。再次观察多组电子对穿过磁铁，每一对，都记下 +1 或 −1。取平均数，这个平均数我们称为 C。

基于实验测量，现在我们得到了 A、B、C 三个数。贝尔证明，要想满足定域实在性的假设，就要求

$$-1 - C \leq A - B \leq 1 + C$$

就这么简单！这就是贝尔定理的结果——贝尔不等式的最初形式。我们现在有方法来验证一个哲学假设了。我们只需要根据以上指示开始测量，然后计算这三个平均数 A、B、C。接着，我们把这些数代入贝尔不等式。如果不等式成立，说明这些数据和定域实在性的假设相一致。但

30

如果我们的数据违背了贝尔不等式，那么我们就已经驳斥了定域实在性。

回想定域实在性这一假设，它符合我们的日常思维：观察只是解释了一个物体本来就有的属性，对相距很远的另一个物体的测量不会影响这里的物体的属性。这个假设必然带来贝尔不等式。而实际上测量结果违背了贝尔不等式，因此定域实在性这一假设不成立。这究竟意味着什么，我们之后将在本书中探究其神秘含义。

接下来我们来看光的纠缠。最开始验证贝尔不等式的实验就用到了纠缠的光。

3
———

第三章 纠缠的光

　　一群自由散漫的学生希望自己能被一所具有声望的寄宿学校录取,但这所学校的要求出奇严格。学校严格维护一项传统,即便早就没人记得一开始引入这项传统是为了什么。学校要求:所有的学生必须时刻手持一根警棍,而且警棍要一直保持竖直。所有学生都希望自己能被学校录取,所以他们都很认真地拿着警棍。然而由于长期缺乏纪律管束,只有一部分人能把警棍拿直。校长皱着眉头,只录取了一半的学生。手上的警棍越接近笔直,拿着它的学生就越有可能被录取。被录取后,学生在这个寄宿学校的整个学习过程中,都兢兢业业地让警棍保持竖直。

　　到了该申请大学的时候了。这些学生希望自己被具有声望的大学录取。然而这些大学的要求出奇严格,它们也要求学生时刻带着警棍。这项传统有多任意且无意义，它就有多不可违反。而且让人高兴不起来的是，不是所有大学都要求警棍保持竖直。有些学校要求警棍偏离竖直方向30°，有些要求45°，还有些要求60°，有些甚至要求警棍保持水平。学生希望让大学相信，换个角度不是问题，毕竟自己已经在寄宿学校拿了这么多年警棍了。但他们并不总能成功。事实上，大学要求的警棍角度相对寄宿学校的要求偏离越大，学生被录取的可能性就越小。

- 要求保持警棍竖直的大学，那些寄宿学校毕业的学生有100%的概率会被录取。

- 要求警棍偏离竖直方向30°的大学，那些寄宿学校毕业的学生有75%的概率会被录取。

- 要求警棍偏离竖直方向45°的大学，那些寄宿学校毕业的学生有50%的概率会被录取。

- 要求警棍偏离竖直方向60°的大学，那些寄宿学校毕业的学生只有25%的概率会被录取。

33

- 要求警棍保持水平的大学，那些寄宿学校毕业的学生没机会被录取。

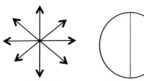 

a.非偏振光　　b.竖直偏振器　　c.竖直偏振光　　d.第二个偏振器

图4　(a)：非偏振光的电场可以指向与光的传播方向垂直的任何方向。因此，在这里可以想象光是向示意图中传播的。(b)：任何穿过竖直偏振器的光都是(c)中的竖直偏振光。(d)：通过第二个偏振器的竖直偏振光的比例取决于两个偏振器传输方向之间的夹角。

这里的警棍就好比光波的电场。如果一束光里所有的光都有相同的电场方向，那么我们就说这束光是**偏振的**（polarized）。如果光波的电场总是指向竖直方向，光就是竖直偏振。然而大多数光源发出的光都是非偏振的，电场可能指向垂直于光线的任意方向。

现在我们来考虑光的粒子——我们称它为光子。非偏振光的光子就像那些去申请寄宿学校的作风散漫的学生，它们沿着各种不同的方向偏振。偏振器就像是那个眉头紧锁的校长，只让那些符合角度要求的光子通过（图4）；剩下的光子要么被吸收，要么被反射。好多种材料都能用来制作偏振器，包括塑料片。一个理想的偏振器会让非偏振光恰好一半的光子通过。通过的光子偏振方向一致，都沿着偏振器施加的方向。

考虑光子通过偏振器后会遇到第二个偏振器。光子通过第二个偏振器的情况，可以类比手持警棍的学生被大学录取的情况。

34
- 偏振器通过方向和光子偏振方向一致，则光子有100%的概率通过偏振器。

- 偏振器通过方向和光子偏振方向之间相差30°，则光子有75%的概率通过偏振器。

- 偏振器通过方向和光子偏振方向之间相差45°，则光子有50%的概率通过偏振器。

- 偏振器通过方向和光子偏振方向之间相差60°，则光子有25%的概率通过偏振器。

35
- 偏振器通过方向和光子偏振方向之间相差90°（相垂直），则光子有0%的概率通过偏振器。

量子理论与实验观察完全相符。因此，我们可以把这些事实看作量子预测。

理解了偏振，我们就可以理解对纠缠光子的测量。利用单个光子分裂成一对光子的过程，我们生成了纠缠的光子对[1]。光通过**偏硼酸钡**晶体等特定材料时，就会发生这样的分裂。例如，一个紫色光子可能分裂成两个一样的红外光子，这两个红外光子在不同的行进方向中彼此远离[2]。当然，只有一小部分进来的紫色光子发生了分裂，大部分直接穿过了晶体材料。

我们感兴趣的是红外光子对的偏振方向。假设我们把一束偏振的紫罗兰色光子照射到偏硼酸钡晶体上，紫色光子的偏振方向偏离竖直方向45°。我们观察到，晶体摆到一定角度时，出来的红外光子是竖直方向偏振的（图5）。如果我们把晶体旋转90°，红外光子是水平方向偏振的（图6）。

现在我们有两块偏硼酸钡晶体。我们调节晶体角度，让第一块发射竖直偏振的红外光子对，另一块发射水平偏振的红外光子对（图7）。每个前来的紫色光子在第一块晶体中以一定概率分裂（形成一个竖直方向偏振的红外光子对），以相等概率在第二块晶体中分裂（形成一个水平方向偏振的红外光子对）。因此，这个红外光子对要么是竖

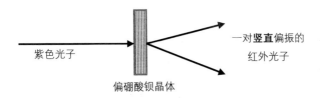

图5　一些紫色光子在偏硼酸钡晶体中裂开，形成一对红外光子。
在晶体的特定方向上，红外光子都是竖直偏振的。

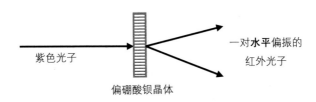

图6　晶体角度不同时，产生的红外光子是水平偏振的。

直方向偏振的，要么是水平方向偏振的。

　　我们该如何确认这一点呢？我们可以在红外光子对的前行路径上放入单光子探测器。每当一个光子到达探测器时，探测器就产生一个短的电脉冲。如果两个探测器同时产生脉冲，我们称它为**巧合**（两个探测器同步探测的技术术语）。巧合意味着，这对红外光子很有可能是从同一个紫色光子分裂来的。

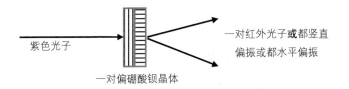

紫色光子

一对偏硼酸钡晶体

一对红外光子**或**都竖直偏振或都水平偏振

图7　紫色光子可能在两块晶体的一块中裂开，所以产生的红外光子可能都是竖直偏振的，或可能都是水平偏振的。

接下来，我们在这些探测器前面各放一个偏振器（图8）。如果我们把其中一个偏振器设为水平，另一个设为竖直，那就看不到任何巧合。（这只在理想情况下，但我们还是别把事情弄得太复杂。）这证明了：不存在由一个竖直偏振光子和一个水平偏振光子组合而成的红外光子对。

如果我们把两个偏振器都设为竖直，能看到很多巧合，这表明这些光子对是竖直偏振的。如果我们把两个偏振器都设为水平，也能看到很多巧合，这表明这些光子对是水平偏振的。这么说吧，当两个偏振器都竖直时我们每秒钟看到约100次巧合，当两个偏振器都水平时我们每秒钟看到约100次巧合。当移开这两个偏振器，我们每秒钟看到约200次巧合：竖直偏振光子对以及水平偏振光子对都是如此。

38

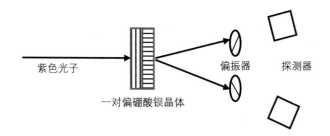

紫色光子　　　　　　　　　偏振器　　探测器

一对偏硼酸钡晶体

图8　在每个红外光子的前进路线上都放一个偏振器。如果光子通过偏振器，就会到达探测器。如果探测器探测到一个光子，就会发射一个电子信号到电路中。如果两个光子都被探测到，且是相同时间探测到的，那么我们就记录一次巧合。

所有证据表明，我们产生的光子对要么两个都水平偏振，要么两个都竖直偏振。我们想知道：光子是否始终倾向于某一个特定的测量结果，又或者光子在测量前处于从根本上不确定的态。

回忆爱因斯坦怎样论证实在性，并应用到这个场景：只要两个偏振器是水平的（比方说），那么两个成对的光子必然总是做同样的事情（如果光子水平偏振就通过，如果光子垂直偏振就受阻）；因此，常识告诉我们这两个光子一直具有一样的属性，它们在偏振器前的表现是提前决定的。如果这两个光子在最后一刻决定它们的测量结果，那么它们所呈现的简直就是一场神奇的密谋：一种幽灵般的超距作用。

爱因斯坦为了维护定域性而坚持实在性：从在同一个地方被创造的那一刻开始，一对光子必然始终拥有共享的属性。既然量子力学不能确定地预测这些共享的属性，所以量子力学必然是不完备的，爱因斯坦说：一个我们还不了解但更强大的理论将会确切地告诉我们，每个光子在所有可能的测量情况下会如何表现[3]。

爱因斯坦不遗余力地捍卫我们的常识假设。很多其他著名的物理学家也持同样观点。但我们再也不能接受爱因斯坦心仪的定域实在性了。贝尔证明了，定域实在性设置的约束，实验要么满足、要么违背。而事实上，实验违背了这些约束（贝尔不等式），所以定域实在性在实验室被推翻了。1972年，约翰·克劳泽（John Clauser）和他的博士生斯图尔特·弗里德曼（Stuart Freedman）第一次在实验中打破了贝尔不等式[4]。他们测量了纠缠光子，正如我们在这一章所讨论的。

弗里德曼基于贝尔不等式的最初形式，推导出了一个爱因斯坦为了维护定域性而坚持实在性：从在同一个地方被创造的那一刻开始，一对光子必然始终拥有共享的属性。

更简单的形式。和在第二章里讲的一样，其证明过程将给本书带来过多的数学，所以我们这里只看结果。到第四章，我们会仔细地推导更多形式的贝尔不等式，不会忽略任何中间步骤。

弗里德曼让我们做以下简单的算术：

- 记录偏振器角度为22.5°时的光子对数量（图9a）。
- 这个数减去偏振角度为67.5°时探测到的光子对数量（图9b）。
- 得到的结果乘以4。
- 比偏振器都移走后探测到的光子对数量大吗？如果是的，那么我们就违背了常识假设下的定域实在性。

为了证明弗里德曼的法则只是简单的算术，我们一起看一组数据。弗里德曼和克劳泽没有发表他们的原始数据，但要看我的学生夏洛特·赛尔顿（Charlotte Selton）记录的数据倒是挺方便的[5]。50秒时间内，她探测到的光子对：

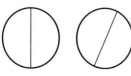

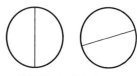

a.偏振器之间的角度是22.5°　　　　　　b.偏振器之间的角度是67.5°

图9　弗里德曼不等式的验证所需三个测量中的两个。
第三个测量中要移除偏振器。

- 当两个偏振器之间角度为22.5°时，有1821对光子。
- 当两个偏振器之间角度为67.5°时，有377对光子。
- 当偏振器被移除时，有4474对光子。

根据弗里德曼法则：我们先有1821对光子（对应22.5°），然后减去377（对应67.5°），这就得到1444。然后我们把它乘以4，得到5776。这个数字比挪走偏振器后探测到的4475要大，因此我们违背了定域实在性设定的约束。

在严格推导其他形式的贝尔不等式前，有必要概括一下这一章关于纠缠光子对的一个事实。我们看到：

- 两个光子都竖直或都水平。

- 如果一个偏振器水平一个偏振器竖直，就不可能发生巧合。（如果一个光子通过了竖直偏振器，另一个光子是不可能通过水平偏振器的。）

但如果我们把两个偏振器都设置为某个其他角度呢？人们发现，关于纠缠光子对的法则可以概括为：

- 如果两个偏振器之间的角度为90°，不可能发生巧合。（如果一个光子通过其中一个偏振器，那么另一个光子就不可能通过垂直于第一个偏振器的偏振器。）

这个事实并非显而易见，考虑光子对是这样产生的：最初的紫色光子在两个晶体中的一个中分裂，产生了一对光子。一个晶体产生竖直偏振的光子，另一个晶体里产生水平偏振的光子。如果两个偏振器相互垂直（无论偏振器是水平、垂直，还是斜向），就不会探测到巧合，这是一个经验事实。另一个经验事实是当两个偏振器的角度一样

（无论是什么角度，或都水平或都垂直），巧合发生的次数相同。

我们来测量沿顺时针方向偏离竖直方向的角度，竖直偏振是0°，水平是90°。（顺时针，当然取决于我们从哪一侧看向偏振器。我们可以任意选择一侧看向偏振器，比如光子来的那边，或者光子去的那边，只要我们选定后不改变。）角度如果是负数，就代表是沿着逆时针旋转。现在，我们写下这个法则的两个特例：

- 一个偏振器30°，另一个偏振器120°，是不可能发生巧合的。
- 一个偏振器−30°，另一个偏振器60°，是不可能发生巧合的。

我们会在下一章回顾这些特例。到时候，你会亲眼看到那些严格的推理迫使物理学家推翻了定域实在性。你可以自己来判断，这些物理学家的论证是否有道理。记住，我们大多数人会把定域实在性看作常识：物体有真实的属性，这些属性的存在不取决于有没有人测量它们；测量

我们大多数人会把定域实在性看作常识：物体有真实的属性，这些属性的存在不取决于有没有人测量它们；测量一个物体不会影响远处的另一个物体。

———————————————

一个物体不会影响远处的另一个物体。如果这个观点是错的，即便在微观层面，也意味着我们的宇宙正在发生很诡异的事情。（或者正如菲利普·鲍尔〔Philip Ball〕最近所说，我们觉得量子力学诡异，那么我们才是诡异的[6]。"诡异"意味着不寻常，但事实上构成所有事物的粒子再寻常不过了吧，它们可都遵循着量子力学定律。）

4

第四章　对日常假设的严格反驳

　　我们在第二章看到，贝尔最初提出的不等式很容易表述。弗里德曼提出的版本表述起来则更加容易，它是在实验室接受验证的第一个贝尔不等式。但是，得出这些贝尔不等式不是件容易的事。这一章，我们将研究贝尔定理的几个简化版本，它们可以被严格证明，不需要太多数学。我为这一章选的几个例子，揭示了量子对常识的一些反驳，这是我自己最喜欢的。我觉得多研究几个例子启发性更大，因为每个例子中的推理各有不同，但它们的结论却总是一致。我发现这些例子合在一起比单个例子更有说服力。

　　就两个数字，然后还有两个数字：+1和-1，+2和-2。

　　我们拿一对纠缠的光子开展实验 [1]。两个光子各自向分析器行进，这些分析器判断光子是否在选定的偏振方向上。我们设想，分析器就是一个简单的偏振器加上一个探测器（用于指示一个个光子是否通过了偏振器）[2]。

如果一个光子通过了偏振器，我们就用数字+1来表示结果。如果它没有通过偏振器，我们就记-1。就这样，在这个实验中，我们只是简单地为光子对的每个光子记录下+1或-1。

想象有两个物理学家，爱丽丝和鲍勃，他们各自守着一个分析器，分别负责记录分析器的测量结果。每当有光子到达分析器，他俩都会负责地记录下+1或-1。爱丽丝感兴趣的是这些光子是否0°偏振（竖直方向），同样她也很感兴趣光子是否45°偏振。她把自己的分析器设置为其中一种。当她把分析器设置到0°，她用符号A来表示测量结果（不是+1就是-1）；当她把分析器设置到45°，她用A′来表示测量结果（同样，不是+1就是-1）。

49 我们没必要深思她为什么选择这两个角度，而非其他角度。对这两个角度的选择不在我们讨论的范围。我们可以把这两个角度简单看作一个开关的两种设置。

鲍勃同样对两个角度感兴趣。他感兴趣的角度是22.5°

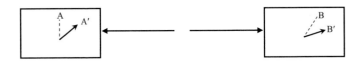

图10 测量一对光子的简化方框图。爱丽丝把她的分析器设为测量A或A'。鲍勃把他的分析器设为测量B或B'。这里展示的是，爱丽丝正在测量A'而鲍勃正在测量B'。

和67.5°。当他把分析器设置到22.5°，他用符号B来表示测量的结果（不是+1就是-1）；当他把分析器设置到67.5°，他用符号B'来表示测量结果（不是+1就是-1）。

就这样，爱丽丝测量A或A'，而鲍勃测量B或B'（图10）。所有的测量结果不是+1就是-1。

测量组合有四种可能：

- 爱丽丝测量A，鲍勃测量B。
- 爱丽丝测量A，鲍勃测量B'。
- 爱丽丝测量A'，鲍勃测量B。
- 爱丽丝测量A'，鲍勃测量B'。

接下来，我们定义一个简单的量S。选择符号S是因为　50

它是英语"简单"的首字母。可以由A、A′、B、B′计算得到S：

$$S=AB+A'B-AB'+A'B'$$

S没有任何显而易见的物理意义。它只是我们可以计算的一个量。我们希望能预测S的可能数值。例如，如果A、A′、B和B′都是+1，那么S就是+2。如果我们把B变为−1而A、A′、B′仍然是+1，那么S就是−2。如果遍历A、A′、B、B′所有可能的数值组合，我们会发现S不是+2就是−2。

现在，爱丽丝和鲍勃要怎么测量S呢？面对每个光子对的到来，爱丽丝测量的不是A就是A′，但不能两者都测，而鲍勃测量的不是B就是B′，但不能两者都测。因此对于单单一对光子，他们无法测量到S。爱丽丝和鲍勃决定测量许多次，这样就能获得所有可能的角度组合。就这样，当爱丽丝测量A时鲍勃测量B，他俩得到AB的乘积，他们找到这个乘积在多次测量中的平均值。同样，当爱丽丝测量A′时鲍勃测量B，通过多次测量，他们找到A′B的平均值，然后是AB′和A′B′的平均值。他们得到S中每一项的平均值，由此他们可以计算出S本身的平均值：

（S的平均值）=（AB的平均值）+（A′B的平均值）-（AB′的平均值）+（A′B′的平均值）

现在我们要做出一个关键性假设。虽然爱丽丝测量的不是A就是A′，但这两个数值都已经被预设给了光子：光子已经具备了这样的属性，那就是预先决定对其可能的测量结果。这是爱因斯坦假设的实在性。同样地，鲍勃的光子也被预设了两个数值，即便鲍勃每次测量一个光子时只测试B和B′中的一个。以这种说法，每对光子都有A、A′、B、B′这四个数值：它们是隐变量。因此对于每对光子而言，都存在S=AB+A′B-AB′+A′B′这个量。

既然S只能是-2或者+2，S的平均值显然在-2和+2之间。但实验发现，S的平均值大于2！我们的推理到底错在哪里，害我们得出了对S的错误约束？

我们的错误在于，我们假设了A、A′、B、B′同时都存在。爱丽丝只能测量A或A′，而鲍勃只能测量B或B′。那些没被测量的量，没有特定数值可以代入S=AB+A′B-AB′+A′B′。因此对于单单一对光子来说，S是不存在的。我们之所以相信单单一对光子也存在对应的S，是因为我们相信光子的属性在测量前就已经存在。但实验违背了这一信念：实验测量到的S的平均值超出了实在性所设的约束。

所有数学表述实际上只是对物理现实的缩略陈述。我们来说明白这点。如果我们只进行了一次光子测量，那么确定A等于+1意味着什么？它意味着数字+1以某种方式被印在光子上或伴着光子前行吗？想想我们更熟悉的数字：我的体重是150磅。那么数字150会以某种方式印在我的身体上吗？难道"磅"不是我们任意选择的一个单位吗？如果我站在一台公制秤上，我会看到自己的体重是68千克。那么，我身上到底带着哪个数字呢？150、68还是其他？事实上，"150磅"和"68千克"都代表着一个更本质的事实：我的身体中有4000万亿兆个质子和中子。因此，"150磅"和"68千克"是方便且简单地表述我体内质子和中子总数的一种方式。（电子也有质量，但比质子和中子轻得多。我体内所有电子总共只有大约一盎司重。）某种意义上，数字150和68确实与我有关，因为我的体重是一个非常真实的且随时可以测量的量。数字150和68是对我的身体重量大小的事实陈述，无论我是否正站在秤上。

同样，方程A=+1实际上只是一个代码，或者说是对

64　　量子纠缠

一个事实的缩略陈述：如果爱丽丝将偏振器角度设置为0°，那么这个光子通过。我们不说"这个光子有一个属性，它让光子通过了爱丽丝设置为0°的偏振器"，我们只说"A=+1"。

实验结果违背了每对光子都具有A、A′、B、B′数值的这个假设。同样（错误的）的假设可以写成更长的形式："朝着爱丽丝行进的光子具有属性，无论她将偏振器设置为0°或是45°，这个属性预先决定它是会通过爱丽丝的偏振器，还是受阻。朝向鲍勃行进的光子具有属性，无论他将偏振器设置为22.5°或是67.5°，这个属性预先决定它是会通过鲍勃的偏振器，还是受阻。"

当我们声称S不是+2就是−2，我们就假设了实在性以及定域性吗？是的，且很微妙。举例来说，虽未明说，但我们假设了A这个属性和鲍勃的偏振器无关。在定义S的时候——S=AB+A′B−AB′+A′B′——我们假设了不管鲍勃测量B还是B′，A的数值是一样的。

定域实在性对一个可测量的量（S的平均值）设置了一个约束。而实验违背了这个约束，因此我们的假设中至少错了一个。如果是实在性这个假设错了，那么测量显示的并非光子一直具有的属性；在测量之前，光子处于某种未决状态。如果是定域性这个假设错了，那么鲍勃偏振器的角度会影响爱丽丝的光子，而爱丽丝偏振器的角度会影响鲍勃的光子。这两种假设都很奇怪，在第六章中我们将看到更为奇怪的其他可能。

你也许好奇 $S=AB+A'B-AB'+A'B'$ 中唯一的那个负号。当爱丽丝测量 A 时，她的偏振器设置为 $0°$，而当鲍勃测量 B' 时，他的偏振器设置为 $67.5°$。两个偏振器的角度差为 $67.5°$。在所有其他情况下，偏振器的角度差都是 $22.5°$：

- AB：爱丽丝设为 $0°$，鲍勃设为 $22.5°$。

- $A'B$：爱丽丝设为 $45°$，鲍勃设为 $22.5°$。

- $A'B'$：爱丽丝设为 $45°$，鲍勃设为 $67.5°$。

S 中出现负号，是由于其中一个测试组合产生了一个 $67.5°$ 的角度差。量子预测 S 的平均值约为 2.8，这违背了定域实在性带来的约束（$-2 \leq$ 平均 $S \leq +2$）。S 的平均值低于量子理想预测，因为实验并不完美。我测量到 S 的平均值最高为 2.66。

灯和按钮匹配吗？

尼古拉·吉桑（Nicolas Gisin）在一本书中描述过同一个实验，只是形式略有不同[3]。爱丽丝和鲍勃在各自的分析器上安装了绿灯和红灯。如果光子偏振方向和所设偏振器方向一致，则绿灯会闪烁；其他情况下红灯会闪烁。因此，绿灯对应前面例子中的结果 +1，红灯对应结果 −1。

随后，爱丽丝和鲍勃安装按钮用来设置分析器的角度。爱丽丝的按钮标注为 A 和 A′，鲍勃的按钮标注为 B 和 B′。实验者在测量一对光子前各按下一个按钮。当爱丽丝按下按钮 A 时，她测量 A；当她按下按钮 A′ 时，她测量 A′。当鲍勃按下按钮 B 时，他测量 B；当他按下按钮 B′ 时，他测量 B′。他们用抛硬币来决定自己按哪个按钮，这样两个人都不会受对方选择的影响。由此，按钮组合有四种可能（概率相同）：A 和 B、A′ 和 B、A 和 B′、A′ 和 B′。

为了增加趣味，爱丽丝和鲍勃决定为按钮涂上颜色，A 和 B 涂绿色，A′ 和 B′ 涂红色（图11）。

现在，爱丽丝和鲍勃决定按照以下规则计分：

如果爱丽丝按下绿色按钮，鲍勃按下红色按钮，当**不** 56

图11　爱丽丝和鲍勃在他们的分析器上安装了红色和绿色的灯，以及红色和绿色的按钮。

同颜色（一盏灯绿，一盏灯红）的灯闪烁时他们得一分。

- 对于所有其他按钮组合，当**相同颜色**（两盏绿灯或两盏红灯）的灯闪烁时他们得一分。

经过多次测量，经历了所有的按钮组合，**他们发现自己在85%的情况下会得一分。**

我们想弄清楚，为什么这些光子在85%的情况下让他们得分。我们假设光子事先不知道他们各会按下哪个按钮；也许是在光子在空中行进时按下的按钮。我们还假设一个光子无法向另一个光子发送信息去告诉对方自己这端哪个按钮被按下了。因此，两个光子在让绿灯或红灯闪烁前彼此是隔绝的。

由此，每个光子仅有的信息是它所遇到的分析器的角度。这个角度由按红色或绿色按钮来设置。每个光子可以采用的策略有什么呢？我们只能想到四个：

1. 无论哪个按钮被按下，都让绿灯闪烁。

2. 无论哪个按钮被按下，都让红灯闪烁。

3. 按下的按钮是什么颜色，就让什么颜色的灯闪烁。

4. 按下的按钮是什么颜色，就让另一种颜色的灯闪烁。

光子可以随机决定让绿灯或红灯闪烁，而这相当于它在策略1和策略2之间随机选择。因此这四种策略以及在它们之间的随机选择，构成了可选项的全集。

我们不要求一对光子中的两个光子必须采用一样的策略。例如，其中一个光子可能采用策略1，而另一个采用策略2。所以，每对光子有十六种可能的策略组合：一个光子有四个策略可选，另一个光子也有四个策略可选。我只讨论十六种组合中的四种，即两个光子采用相同策略的情况。

假设两个光子都采用策略1，那么无论按下哪个按钮，两盏绿灯都闪烁。爱丽丝和鲍勃多久得一次分？除非爱丽丝按下她的绿色按钮，而鲍勃按下他的红色按钮，否则爱丽丝和鲍勃会在相同颜色的两盏灯闪烁时得一分。因为四种按钮组合中的每一种组合概率相同，这种例外情况发生的概率为25%。因此，如果两个光子都采用策略1，那么爱丽丝和鲍勃有75%的概率得分。然而事实上爱丽丝和鲍勃在85%的情况下得分。因此，两个光子都采用策略1和实验结果不一致。

假设两个光子都采用策略2，因此无论按下哪个按钮，两盏红灯都闪烁。爱丽丝和鲍勃在75%的情况下得分（所有情况，除非爱丽丝按下她的绿色按钮而鲍勃按下他的红色按钮）。这样看来，策略2没能比策略1更成功。

假设两个光子都采用策略3，与按钮同样颜色的灯会闪烁。我们检查概率相同的所有的四种组合：当爱丽丝和鲍勃都按下绿色按钮，两盏绿灯闪烁，他们得一分。如果他们都按红色按钮，两盏红灯闪烁，他们得一分。当爱丽丝按绿色按钮，鲍勃按红色按钮，不同颜色的两盏灯闪烁，但他们得一分，因为这是不同颜色灯闪烁能得一分的按键组合。当爱丽丝按红色按钮，鲍勃按绿色按钮，不同颜色的两盏灯闪烁，他们不得分。因此，他们在75%的情况下得分。这个策略也没能重现实验结果。

最后，假设两个光子都采用策略4，按下的按钮是什么颜色，另一种颜色的灯闪烁。当爱丽丝和鲍勃都按了绿色按钮，两盏红灯闪烁，他们得一分。当他们都按了红色按钮，两盏绿灯闪烁，他们得一分。如果爱丽丝和鲍勃按的按钮颜色不同，那么只有在爱丽丝按绿色按钮且鲍勃按红色按钮时，他们得一分；而爱丽丝按红色按钮且鲍勃按绿色按钮，他们不得分。再一次，他们只在四种按钮组合中的三种情况下得分。

我们还可以查看两个光子采用不同策略时的情况。但我们永远找不到一个策略组合能让他们在超过75%的情况下得分。也就是说，没有什么策略组合可以带来在85%的情况下得分的实验结果。

这意味着，我们做的假设中至少错了一个。我们做了定域性假设：每个光子都不受对另一个光子所做的测量的60影响。我们还做了实在性假设：每个光子都有属性（一种"策略"），这些属性预先决定任何可能的测量结果；换句话说，我们假设测量揭示了光子已经具有的属性。

双胞胎：一项类比

我们将建立另一个实实在在的贝尔不等式。我们根本不需要用什么数学，一些基本逻辑就够了。这个例子是安东·蔡林格提出的，他借鉴了伯纳德·德斯班雅（Bernard d'Espagnat）和尤金·维格纳（Eugene Wigner）早期的例子[4]。

首先我们想象礼堂里有很多人。有些人有棕色的头发，有些人有棕色的眼睛。让我们比较，棕色头发且眼睛也是棕色的人数，和棕色头发但眼睛是其他颜色的人数：

（#人数：有棕色头发和棕色眼睛的）≤（#人数：有棕色头发的）。

左侧表示棕色头发且眼睛也是棕色的人数。右侧表示棕色头发而眼睛是任意颜色的人数。左侧的限制更多。右侧比左侧多了头发棕色但眼睛不是棕色的人数。棕色头发但眼睛不是棕色的人数有可能是0。我们因而用了≤而不是<。我们将以此逻辑推导一个贝尔不等式。

现在我们考虑一对双胞胎，他们满足以下条件：

- 一对双胞胎的身高相同：或高大或矮小。
- 一对双胞胎的头发颜色相同：或棕色头发或金色头发。

- 一对双胞胎的眼睛颜色相同：或棕色眼睛或蓝色眼睛。

我们只关注有上述特征的双胞胎。也就是说，我们不考虑头发红色、灰色、白色或没有头发的双胞胎。我们还假设他们不染头发（或者染成了相同的颜色，要么都是棕色，要么都是金色）。

根据这些条件，高大的、棕色头发的双胞胎，眼睛要么是棕色，要么是蓝色：

（#对数：高大，棕色头发的）=（#对数：高大，棕色头发，棕色眼睛的）+（#对数：高大，棕色头发，蓝色眼睛的）。

我们可以建立这一事实：

（#对数：高大，棕色头发，棕色眼睛的）≤（#对数：棕色头发，棕色眼睛的）。

这个不等式成立，是因为右侧的限制更少。右侧包括了所有棕色头发、棕色眼睛的小个子双胞胎，而左侧不包含。我们还可以用到这一事实：

（#对数：高大，棕色头发，蓝色眼睛的）≤（#对数：

高大，蓝色眼睛的）。

同理，这也是真的：因为右侧的限制更少，它包括了所有高大、蓝色眼睛、棕色头发的双胞胎。把两个事实与前面的粗体公式整合起来，粗体公式中右侧的每一项用不小于它本身的项来替代：

（#对数：高大，棕色头发的）≤（#对数：棕色头发，棕色眼睛的）+（#对数：高大，蓝色眼睛的）。

这个不等式的左侧表示高大且棕色头发的双胞胎对数，不管他们眼睛是什么颜色。这个不等式的右侧第一项包含了高大且头发和眼睛都是棕色的双胞胎，而不等式右侧的第二项包含了高大、棕色头发而眼睛是蓝色的双胞胎。因此，左侧被计数的每一对双胞胎在右侧都会被计数一次。右侧包含了另外两组双胞胎：棕色头发、棕色眼睛、矮小的双胞胎和高大的、蓝色眼睛、金色头发的双胞胎。这就是右侧可能比左侧大的原因。

63　　我们认识到，双胞胎中如果一人高大，那么两个人都高大；如果一人的头发是棕色的，那么两个人的头发都是棕色的。当我写下"双胞胎中的一人长得高大"时，我并不是说只有一人高大。我的意思是如果我们观察到其中一人是高大的那么我们能立刻推测另一人也高大。现在我们可以这么写：

（#对数：高大，棕色头发）=（#对数：一人高大，另一人棕色头发的），

或者更简洁：

（#对数：高大，棕色头发）= #（一人高大，一人棕色头发）。

同样，

（#对数：棕色头发，棕色眼睛）= #（一人棕色头发，一人棕色眼睛），

以及

（#对数：高大，蓝色眼睛）= #（一人高大，一人蓝色眼睛）。

我们用这种方式重写不等式，得到

#（一人高大，一人棕色头发）≤ #（一人棕色头发，一人棕色眼睛）+ #（一人高大，一人蓝色眼睛）。

这就是关于双胞胎的贝尔不等式。毫无疑问它成立。但应用到纠缠光子会怎么样？在第三章我们看到，可以产生这样的纠缠光子对：

64

- 如果一个偏振器水平，另一个偏振器竖直，那么就不会发生巧合。（如果一个光子通过了竖直的偏振器，另一个光子不可能通过水平的偏振器。）

竖直偏振和水平偏振互斥，就像棕色头发和金色头发（以我们简单的二分法）那样。我们可以将互斥的发色看作互斥的偏振方向的类比，垂直偏振相当于棕色头发，水平偏振相当于金色头发。那么眼睛颜色和身高呢？我们把它们关联上一章中其他互斥的偏振角度：

- 当一个偏振器设置为30°，另一个偏振器设置为120°时，是不可能发生巧合的。
- 当一个偏振器设置为-30°，另一个偏振器设置为60°时，是不可能发生巧合的。

30°相当于高大，120°相当于矮小。同理，-30°相当于蓝色眼睛，60°相当于棕色眼睛。偏振角度和它们所关联的特征总结如下：

0°（竖直）：棕色头发

90°（水平）：金色头发

30°：高大

120°：矮小

−30°：蓝色眼睛

60°：棕色眼睛

现在我们把双胞胎的贝尔不等式，

#（一个高大，一个棕色头发）≤ #（一个棕色头发，一个棕色眼睛）+ #（一个高大，一个蓝色眼睛）。

转换为纠缠光子的贝尔不等式：

#（一个30°，一个0°）≤ #（一个0°，一个60°）+ #（一个30°，一个−30°）。

写得更简洁些：

$N(30°, 0°) \leq N(0°, 60°) + N(30°, −30°)$,

其中$N(30°, 0°)$是当一个偏振器设到30°，另一个设到0°（竖直方向）时在一段时间内测量到的巧合数量。$N(0°, 60°)$和$N(30°, −30°)$也照此定义。然而，测试所得数据违背了这个不等关系！

不可否认，贝尔不等式可以应用到双胞胎身上。如果重新阅读得出这一结果的推导步骤，你会同意我们没有做

66

任何可疑的假设。如果你实际调查一些双胞胎（他们要么高大要么矮小，要么棕色头发要么金色头发，要么棕色眼睛要么蓝色眼睛），肯定满足这个不等式。那么为什么这个不等式应用到纠缠光子就失败了呢？我们不得不仔细思考，我们对双胞胎做出了（非常合理的）哪些假设。

我们假设了实在性：比如眼睛颜色和是否有人正在观察它完全无关。（观察的作用在我们的推导中并不明显。但在给一定特征组合的双胞胎计数时，总得有人观察这些特征。）在观察前，双胞胎眼睛的颜色并不是某种无法确定的由蓝色和棕色的混合，也并不是在观察的瞬间聚合成了一种颜色或另一种颜色。事实上，双胞胎共享的DNA作为隐变量，决定了这对双胞胎有一样的特征，无论有没有人在观察他们。（只要双胞胎没有染发或戴美瞳隐形眼镜，那么DNA就是这里的隐变量。）

我们还假设了定域性：双胞胎中一人的身高不取决于另一人的身高、头发或眼睛是否在被观察！这一假设显然为真以至于我们都没有注意到自己做了这个假设。然而这个假设加上实在性的假设带来了贝尔不等式，而它的确不适用于纠缠的光子。

当我们重写应用于纠缠光子的不等式时，我们假设每个光子始终都有属性能决定它是否能通过一个任意角度的偏振器（就像双胞胎始终有确定的眼睛颜色、头发颜色、身高）。事实上，光子如果始终具有固定的偏振属性（实在性），且每个光子都不受另一个光子的偏振器的影响（定域性），那它们就应该满足不等式。然而事实上，纠缠光子违背了这个不等式。

是的，这已经不是第一次了！我们假设定域实在性，然后推导出了一个约束，而纠缠光子的实验违背了这个约束。我们几乎没用到任何数学，只用到了纯逻辑。那物理学家为什么常用带微积分的贝尔不等式？是物理学家故意搞得很难，迷惑局外人让自己显得聪明吗？

我认为，有一个正当理由相信贝尔不等式的其他形式很有价值。其他贝尔不等式在推导时，对实在性和定域性的假设都明确表达在特定步骤里。而我们前面的推导虽然简单（合我们心意），却或多或少模糊了假设的确切作用（比如考虑双胞胎时，我们甚至都没有意识到自己做了假设）。

让我们想想第三章中描述的纠缠光子源：那么多对光

69

事实上，光子如果始终具有固定的偏振属性（实在性），且每个光子都不受另一个光子的偏振器的影响（定域性），那它们就应该满足不等式。

子中，有一半是水平偏振的，另一半是竖直偏振的。让我们再想想对不等式中三项的量子预测：

$$N(30°, 0°) \leq N(0°, 60°) + N(30°, -30°)$$

对我们的纠缠光子来说，量子预测（经测量确认）左侧比右侧加起来大50%。事实上我们可以只用几点来证明这个结果：

- 正如第三章所言，一个光子有75%的概率通过与光子偏振方向呈30°的偏振器。并且，一个光子有25%的概率通过与光子偏振方向呈60°的偏振器。

- 假设一个光子比另一个光子稍早一点（或早很多）被测量。第一个光子有50%的概率通过偏振器（不管什么角度）。这是一个事实，我们之前未曾提到，但这是真的。

- 方便起见，我们假设对一个光子的测量立即为两个光子产生确定的偏振。这是幽灵般的超距作用：当一个光子通过偏振器，另一个遥远的光子实际上立刻获得相同的偏振。一些物理学家坚持反对幽灵般

70

的超距作用，所以我这里要说"实际上"。（我们将在第六章讨论对量子物理的诠释。）

为了预测N(30°, 0°)、N(0°, 60°)、N(30°, −30°)，我们需要考虑偏振器和探测器的探测效率。我们有可能买到品质接近理想化的偏振器：光子如果应该通过就会全都通过，如果应该受阻就会全都受阻。只不过，单光子探测器探测效率远低于100%，有些光子到达探测器并没能被探测到。但是，探测效率对于每次巧合的影响是相同的。如果贝尔不等式中的所有项都以同样比例降低，那么不等式左右两侧的大小关系是不变的。所以接下来我们忽略探测器效率，到第六章再重新考虑它。

我们来计算N(30°, 0°)，也就是一个偏振器设到30°，另一个偏振器设到0°时的巧合次数。假设第一个光子到达30°的偏振器，这个光子有50%的概率通过去。这是因为一对光子中的第一个光子到达（任何角度的）偏振器有50%的概率通过。如果它通过了，那么另一个光子就会获得30°的偏振，于是就有75%的概率通过0°的偏振器。因此，这一对光子分别通过各自偏振器的概率为

50%×75%=37.5%=3/8。换句话说,当一个偏振器设置为30°,另一个设置为0°,3/8的光子对会通过两个偏振器。如果一共有$N_{总}$对光子,那么$N(30°, 0°)=3/8N_{总}$。

我们用同样方式来计算$N(0°, 60°)$。如果第一个光子遇到0°的偏振器,它有50%的概率通过。如果它通过了,那么另一个光子就获得了0°的偏振,于是就有25%的概率通过设置为60°的偏振器。(两个偏振器之间的角度差现在是60°;而前面是30°。)因此,一对光子分别通过各自偏振器的概率为50%×25%=12.5%=1/8。换句话说,当一个偏振器设置为0°,另一个设置为60°,1/8的光子对会通过两个偏振器,$N(0°, 60°)=1/8N_{总}$。因此$N(0°, 60°)$是$N(30°, 0°)$的1/3,这是因为当偏振器之间的角度差更大时,巧合的次数就越少[5]。

因为两个偏振器之间的角度都是相差60°,$N(30°, -30°)$等于$N(0°, 60°)$。一对光子通过各自偏振器的概率,只取决于这两个偏振器的角度差。因此,巧合也只取决于两个偏振器的角度差。$N(30°, -30°)=N(0°, 60°)=1/8N_{总}$。

72

我们现在可以写出贝尔不等式的三项:

$$N(30°, 0°) \leq N(0°, 60°) + N(30°, -30°),$$

它变成了

$$3/8\ N_{总} \leq 1/8\ N_{总} + 1/8 N_{总},$$

这可以简化为

$$3/8 \leq 2/8,$$

这当然不对。实验显示，左侧的巧合次数比右侧之和多50%，这确认了：量子力学比定域实在性来得可靠。

在我们熟悉的宏观世界中，日常观察确实满足定域实在性。如果我们真的去观察双胞胎，双胞胎满足而非违背贝尔不等式。双胞胎怎么才能符合量子预测？我们必须想象在观察之前，双胞胎的身高、头发颜色、眼睛颜色都是不确定的，且某种程度上来说不仅未知，而且是*未决定的*。观察前（如果观察的是身高），双胞胎中的任何一人都有50%的概率是高大的，也有50%的概率是矮小的。同样地，头发棕色和金色的概率也相同，眼睛棕色和蓝色的概率也相同。

我们不妨叫双胞胎乔丹和帕特。如果我们观察到乔丹是高大的，那么帕特实际上立即也成为高大的了。更奇怪的是，如果我们一旦观察到帕特的头发或眼睛，帕特的身高又变回为未知，有可能接下来的观察显示帕特是矮小的（不像乔丹那样高大了）！

这种效应真的会发生在纠缠光子上：当我们观察到一个光子的偏振，我们就知道另一个光子的偏振和它一样[6]。但对其中任何一个光子的进一步测量都不会影响到另一个。就在对一个光子的测量为两个光子确定偏振的那一刻，纠缠发挥效果的那刻被隔断了。这就能解释，为什么我们不能在宏观尺度观察到纠缠：宏观物体由太多粒子构成，它们不停地相互作用，某种意义上彼此"测量"，它们于是一发生纠缠很快就"去纠缠"（disentangling）了[7]。

我们对定域实在性的假设与我们对纠缠光子的观察相互矛盾。此外，如果宏观物体也如纠缠光子一样行动，会有一系列古怪效应让我们困惑。我们将看到定域实在性设置的另一些约束——那些被测量结果违背的约束。

74

莫德林的三个观察

接下来的例子是哲学家蒂姆·莫德林在《量子非定域性与相对论》(*Quantum Non-Locality and Relativity*) 中提出的[8]。我们将始终拿光子来举例,对实在性的假设比在上一个例子中更明确。对定域性的假设一开始并不明显。

我们继续前面描述的纠缠光子对(每对有50%的概率通过水平偏振器,还有50%的概率通过竖直偏振器)。每一个光子会遇到一个偏振器,这些偏振器的角度可以是:竖直方向、顺时针方向偏离竖直方向30°、顺时针方向偏离竖直方向60°。就像我们之前讨论的那样,我们预测可以得到三种观察:

观察1 如果两个偏振器的角度一致,那么两个光子总是会做同样的事情:或者都通过偏振器,或者受阻于偏振器。

观察2 如果两个偏振器之间相差30°,那么两个光子会有75%的概率做同样的事情,还有25%的情况下会一个通过一个被堵。

观察3 如果一个偏振器竖直，另一个偏振器呈60°，那么两个光子有25%的概率做同样的事情。

这些观察是真实的，不是编造的。

我们来考虑观察1。如果两个偏振器的角度一致，那么两个光子总是会做同样的事情。它们是如何办到的？根据常识，这两个光子必然分享一个共同属性。我们直觉上认为，很明显这两个光子被创造以来就始终拥有这个共同的属性。我们的常识和直觉都基于实在性：光子在观察前有"隐藏属性"，观察只是让我们看到了光子始终具有的属性。让我们看看，这个假设会把我们带到哪里。 76

光子的隐藏属性可能是：

（会通过竖直偏振器。会受阻于30°偏振器。会通过60°偏振器。）

写下这些要费好多笔墨。**完全相同的信息可以简**写为：

（竖直→通过。30°→受阻。60°→通过。）

如果一对光子中的一个具有这些隐藏的属性，那么另一个也一定具有相同的属性。为了确认这点，假设光子对中的一个光子具有以上列出的属性，而另一个具有属性：

（竖直→受阻。30°→受阻。60°→通过。）

这意味着，如果两个偏振器都竖直，那么两个光子会做不同的事：一个通过偏振器，一个受阻于偏振器。这与观察1矛盾，如果两个偏振器角度一致（这里是竖直方向），观察1就要求两个光子做同样的事情。因此，光子对的两个光子必然有相同的隐藏属性的组合。

77 我们可以把这些隐藏属性看作命令集（instruction sets），它告诉光子到达偏振器时该如何做；或者可以把这些隐藏属性看作能被恰当角度的偏振器探测到的特征。我喜欢将隐藏属性看作门票，而把偏振器看作检票员，它们只放行带着恰当标记门票的人。所有情况下，这些隐藏属性是光子始终具有的属性，在测量前就有。这是实在性。

我们其实也已经做了定域性的假设：我们假设一个光子碰到偏振器的表现只取决于**那个**偏振器的角度。我们假设光子能够通过一个偏振器的能力不取决于**另一个**光子碰到的偏振器的角度。做这个假设如此理所应当，我们要非常努力才能意识到自己做了假设。现在我们看实在性和定域性假设会把我们带到哪里。

我们再来考虑隐藏属性的第一个例子：

（竖直→通过。30°→受阻。60°→通过。）

如果所有光子都正好有这些属性，那么当一个偏振器竖直而另一个呈60°时，光子对中的两个光子会永远做同样的事情（通过）。但根据观察3，这只有25%的时候才会发生。因此有一定比例的光子或许有上面所说的隐藏属性，但就会有另一些光子必然有不同的隐藏属性。

让我们列举所有隐藏属性可能的组合，分为四组。每组有两个隐藏属性组合。

第1组：两个光子做同样的事情，无论偏振器角度如何。

（竖直→通过。30°→通过。60°→通过。）：每个光子都总是通过。

（竖直→受阻。30°→受阻。60°→受阻。）：每个光子都总是受阻。

第2组：两个光子做同样的事情，除非有且只有一个偏振器是竖直的。

（竖直→受阻。30°→通过。60°→通过。）：除非遇到偏振器竖直，其他情况下每个光子都通过。

（竖直→通过。30°→受阻。60°→受阻。）：除非遇到偏振器竖直,其他情况下每个光子都受阻。

第3组:两个光子做同样的事情,除非有且只有一个偏振器是30°。

(竖直→通过。30°→受阻。60°→通过。):除非遇到偏振器30°,其他情况下每个光子都通过。

(竖直→受阻。30°→通过。60°→受阻。):除非遇到偏振器30°,其他情况下每个光子都受阻。

79   **第4组**:两个光子做同样的事情,除非有且只有一个偏振器是60°。

(竖直→通过。30°→通过。60°→受阻。):除非遇到偏振器60°,其他情况下每个光子都通过。

(竖直→受阻。30°→受阻。60°→通过。):除非遇到偏振器60°,其他情况下每个光子都受阻。

我们已经列举了隐藏属性的所有八种可能的组合。这里是一个完整的清单:三种偏振器角度各有两种可能结果(通过或受阻),我们列出了所有的结果组合。

我们的最终任务,是从四组中确定有隐藏属性的光子对的比例是多少。我们把第一组带隐藏属性的光子对的比例(在0和1之间)设为F_1。然后类似地定义F_2、F_3和F_4。

现在，我们基于一个垂直偏振器和一个60°偏振器来考虑观察3。假设我们将偏振器保持在这些角度很长一段时间。许多光子对会遇到这些偏振器，两个光子会有25%的概率做相同的事情，这也是观察3中描述的。因此，正好有25%的光子对必须来自当偏振器角度相差60°时做相同事情的组。当我们查看这四个组时，我们发现在第1组和第3组中，当偏振器角度相差60°时，光子对会做相同的事情。第1组中的光子对总是做同样的事，第3组中的光子对只要不碰到30°的偏振器则总是做同样的事。（相较之下，第2组和第4组的光子对在偏振角度相差60°时做不同的事：一个光子通过，另一个光子受阻。）因此25%的光子对必须来自第1组或第3组。我们还不知道这25%的光子对是如何分配的，但不一定需要12.5%来自第1组，12.5%来自第3组。我们只知道来自第1组和第3组的光子对合起来是25%。我们把这个事实用数学表示：

$$F_1 + F_3 = 0.25$$

接下来，我们把同样的逻辑用到观察2上。让我们考虑观察2，也就是一个偏振器竖直，一个偏振器30°（这里的角度差是30°）。我们想象让偏振器保持在这些角度很长一段时间，因此许多光子对会遇到这些角度。根据观察2，两个成对的光子有75%的概率会做同样的事。也就是说，这组中75%的光子在一个偏振器竖直一个偏振器30°时会做同样事情。我们发现，第1组的光子对总是做同样事情，而第4组的光子对只要不碰到60°的偏振器也总是做同样的事情。（另外两组的光子对在遇到一个偏振器竖直一个偏振器呈30°时做不同的事情。）这就是说，75%的光子对来自第1组和第4组：

$$F_1 + F_4 = 0.75$$

我们重复观察2中的另一种情况，这次有一个30°偏振器和一个60°偏振器（角度差还是30°）。同样，我们设想让偏振器保持在这些角度很长一段时间。两个光子在75%的时间里做同样的事情，因此有75%的光子对必然来自一个角度是30°并且另一个角度是60°时会做同样事情的组。我们发现第1组和第2组是这样的。因此，75%的光子对一定是来自第1组和第2组：

$$F_1 + F_2 = 0.75$$

最后，我们利用所有可能性之和为1这个事实（100%的光子对来自这四组中的其中一组）：

$$F_1 + F_2 + F_3 + F_4 = 1$$

用最后一个方程减去前面三个方程，你会发现：

$$F_1 + F_2 + F_3 + F_4 - (F_1 + F_3) - (F_1 + F_4) - (F_1 + F_2) =$$
$$1 - 0.25 - 0.75 - 0.75$$

这可以简化为：

$$-2F_1 = -0.75$$

82

或者：

$$F_1 = 0.375$$

把这个代入第一个方程$F_1+F_3=0.25$，我们得到$F_3=-0.125$。但光子数比例不可能是一个负数。因此至少证伪了我们做出的其中一个假设。具体来说，要么实在性是错的，要么定域性是错的，要么两者都是错的。

如果实在性是错的，那么光子在观察前**没有**它们被观察到的属性；在观察前，光子处于一种神秘的不确定态。如果实在性是错的，那么测量光子一定是改变了什么。但改变的是什么呢？光子的一个客观物理属性，还是我们对光子的了解？测量创造了客观的真实态，又或者直接观察才是科学唯一可触碰的真实？对量子力学的不同诠释，带来了对这些问题的不同答案。物理学家没有达成共识。

有一种方法，或许可以挽救实在性，那就是抛弃定域性。在这个例子中，每个光子的行为取决于**两个**偏振器的角度：它遇到的偏振器，以及远处的光子遇到的偏振器。但塑料片就能做成偏振器。为什么光子会受到远处一片塑料的影响？这片塑料和这个光子的唯一联系是**另一个**光子遇到了它。一个光子会受到另一个光子的偏振器的影响，

83

想想都特别诡异。

或者我们把实在性和定域性都丢掉。我们由此有了一种量子力学诠释。我觉得它很简单明了：测量创造了客观真实态。因为纠缠的光子共享一个态，测量一个光子立即为两个光子创造了一个客观真实态。这种诠释是非定域性的，因为在物理上测量一个光子实际上改变了远处的光子。虽然根据这种诠释，客观现实是存在的，但客观现实态是由测量产生的，测量前它不存在。因此，这种诠释违背实在性，实在性需要在测量前存在可测量的属性。

在本书最后，我们还会提到不同的量子力学诠释。

哈迪做了简化

我们现在要看一个例子。这个例子不要求我们考虑光子对做一件事或另一件事的比例。我们只需要知道某一些结果永远不会出现，而一些结果偶尔出现。卢西恩·哈迪（Lucien Hardy）为这个例子提出了基本思路，但我这里沿用的是戴维·默明的版本[9]。

考虑来自一个特定光源的一对纠缠光子。这些光子和

84

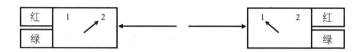

图12 两个成对的光子各自前行，各自到达一个分析器。分析器有两种设置，设置1和设置2，还有两盏灯，红灯与绿灯。每次光子到达一个分析器时，就有灯会闪。

我们之前例子中看到的纠缠有所不同；它们不再是50%水平偏振、50%竖直偏振。我们不关心新的纠缠态的细节。我们只需要知道我们可以通过实验产生这种新的态。

光子对的两个光子朝着不同方向行进，到达它们各自的分析器。分析器上有一个开关，实验人员可以用它来选择设置：设置1和设置2。我们需要知道的是，分析器连着灯：一盏绿灯和一盏红灯。每当光子到达分析器时，要么绿灯闪烁，要么红灯闪烁（图12）。

85 　我们遍历所有开关的设置组合，分别记录了很多数据。我们的观察如下：

观察A 当两个开关都设到设置1，至少一盏绿灯闪烁。

观察B 当一个开关设到设置1，另一个开关设到设置2，至少一盏红灯闪烁。

观察C 当两个开关都设到设置2，有时两盏绿灯都闪烁。

光子对是怎么做到遵守这些规则的？有可能两个光子相互沟通：幽灵般的超距作用。我们现在对这个说法已经很熟悉了。但我们还是要坚持自己定域实在性的常识认知。我们试图解释这一切，基于每个光子始终都有和另一个光子及其分析器无关的隐藏属性这一假设，而分析器探测到了这些属性。

既然只有两个开关，那么每个光子的隐藏属性只有四种可能的组合：

（设置1→绿 设置2→绿）

（设置1→绿 设置2→红）

（设置1→红 设置2→绿）

（设置1→红 设置2→红）

这就相当于，我们说每个光子各具有以下一列中的其中一个属性：

设置1 列	设置2 列
设置1→绿	设置2→绿
设置1→红	设置2→红

86

和前面的例子不同，这里**不**需要光子对的两个光子拥有同样的隐藏属性。事实上，观察A明显显示，如果一个光子让设到设置1的分析器红灯闪烁，那么另一个光子必然有着不同的属性。所以我们需要基于一个光子的属性，搞清楚另一个光子可能有或可能没有的属性。

让我们先来看观察B。由于在两个开关设置不同时有至少一盏红灯闪烁，那么如果一个开关设到设置1绿灯闪烁，另一个开关设到设置2就必须红灯闪烁。换句话说，如果一个光子具有（设置1→绿）的属性，那么另一个必然有（设置2→红）的属性。同样地，如果一个光子具有（设置2→绿）的属性，那么另一个光子必然有（设置1→红）的属性。因此，当两个光子都有（设置2→绿）的属性（根据观察C，这偶尔会发生），两个光子都必须还有（设置1→红）的属性。但设为设置1时两盏灯都闪红光，这就和观察A矛盾了！

我们论证得很快，所以让我们为它来减个压。我们可以把处理这一情况看作解一个逻辑难题：你不得不确定谁坐哪张桌子，而A先生坚持要挨着B女士坐，但至少要和

C博士隔开两个座位，等等。在这里，每个光子都有四组隐藏属性中的一组，而另一个光子也有四组中的一组。因此就有十六种组合。我把它用下方的一张表格来表示，行代表一个光子的隐藏属性（我叫它行光子），列代表另一个光子的隐藏属性（我叫它列光子）。G和R代表绿光和红光。

	1→G. 2→G.	1→G. 2→R.	1→R. 2→G.	1→R. 2→R.
1→G. 2→G.				
1→G. 2→R.				
1→R. 2→G.				
1→R. 2→R.				

通过研究这三项观察，我们可以删掉十六种组合中的一些。观察A说，如果开关都是1，则至少有一盏绿灯闪烁。因此我们去掉那些两个开关都是1但是红灯闪烁的组合。我们用A来标记那些被禁止的情况，表示是观察A强迫我们删除它们。

	1→G.2→G.	1→G.2→R.	1→R.2→G.	1→R.2→R.
1→G.2→G.				
1→G.2→R.				
1→R.2→G.			A	A
1→R.2→R.			A	A

澄清一下我们为什么这么做。让我们看看右下角的A（最后一列，最后一行），这里两个光子都含隐藏属性（1→R. 2→R.）。如果两个开关都设为设置1，则两盏红灯都闪烁。这就和观察A矛盾了。另外表格中还出现三处A，是因为两个光子都有属性1→R。

现在我们来看观察B：如果开关有不同的设置，那么至少一盏红灯闪烁。现在我们可以删除当设置不同时两盏绿灯都闪烁的几项。我用一个B来标记。

	1→G.2→G.	1→G.2→R.	1→R.2→G.	1→R.2→R.
1→G.2→G.	B	B	B	
1→G.2→R.	B		B	
1→R.2→G.	B	B	A	A
1→R.2→R.			A	A

现在解释我们刚刚做了什么。从左上角的B开始。这里，两个光子都有隐形属性(1→G. 2→G.)。无论发生什么事情，两盏绿灯闪烁。当开关设置一样是两盏绿灯闪烁；更重要的是，当开关设置不同时也是两盏绿灯闪烁，这就和观察B矛盾了。让我们在表格里向右移动一格，这里的行光子的属性还是（1→G. 2→G.），而列光子的属性是（1→G. 2→R.）。这里的行光子总是让分析器的绿灯闪烁。如果列光子设置到2，那么列光子这边会让红灯闪烁。这没有违背观察B。但如果行光子的分析器设置到2，而列光子分析器设置到1，两盏绿灯闪烁，这就违反了观察B。因此我们必须禁止这一隐藏属性组合。同样的推理，让表 90 格中另一些B出现：只要当开关设置不同时，就可能出现两盏绿灯闪烁，我们必须禁止它。

利用观察A和观察B，我们去除了11组隐藏属性的组合，但有5组还留着。那么这5个组合中有能满足观察C的吗？观察C要求当开关都设到设置2时，两盏绿灯都闪烁。换句话说，在一些光子对中，两个光子都要有2→G的属性。表中有四个组合，两个光子都有2→G的属性。我来用星号（＊）标注起来：

	1→G. 2→G.	1→G. 2→R.	1→R. 2→G.	1→R. 2→R.
1→G. 2→G.	B*	B	B*	
1→G. 2→R.	B		B	
1→R. 2→G.	B*	B	A*	A
1→R. 2→R.			A	A

所有能满足观察C的四个组合，都被观察A或者观察B严格禁止了。因此，用定域实在性来解释我们的观察，又一次失败了。我们再一次问：还有别的解释吗？我们可以把它归咎于幽灵般的超距作用：两个光子之间以某种方式做了沟通，对一个光子的测量影响了对另一个光子的测量。或者，我们可以说，观察是唯一的科学真实；我们意识到量子预测总是准确的，但我们拒绝猜想隐含的因果联系。换句话说，我们承认定域实在性是不对的，但我们没有提出其他解释。

我将在第六章概述对量子物理的其他诠释。

三个纠缠的光子

现在我们来看三个纠缠的光子，做出该发现的物理

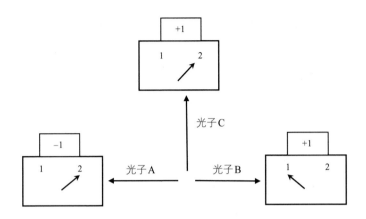

图13 三个粒子有共同源头，它们分开后向三个分析器行进。每个分析器的开关有两个设置，每个数字显示器会显示+1或−1。这张图解释了可能的开关组合以及数字结果。

学家的人数恰好也是三。他们是：丹尼尔·格林伯格（Daniel Greenberger）、迈克尔·霍恩（Michael Horne）和安东·蔡林格（Anton Zeilinger）[10]。

三个光子各自进入类似上一个例子中的分析器：每个分析器都有一个开关，可以设为设置1或设置2，光子每次到达有两种可能的结果。现在我们不再用闪烁的灯，我们有数字显示屏，它会显示+1或−1（图13）。

三个光子进入三个分析器之后，我们记录下每个数字显示屏所显示的+1或-1。我们尝试三个分析器的各种开关设置组合，重复实验多次。简单起见，我们只关注有奇数个开关设为设置1的情况。换句话说，要么所有开关都设为设置1，要么只有一个开关设为设置1而其他两个设为设置2。

我们观察到以下两个事实：

事实1。当一个开关设为设置1，其他两个开关设为设置2时，要么一个数字显示屏显示-1，要么三个显示屏全都显示-1。（也就是要么两个显示屏显示+1，要么没有显示屏显示+1。）由于显示-1的显示屏的数量是奇数，所以

三个显示数字的乘积必然是-1：如果一个显示屏上为-1，则三个数字的乘积为$-1 \times 1 \times 1 = -1$；如果三个显示屏上都是-1，则乘积为$-1 \times (-1) \times (-1) = -1$。

事实2。当三个开关全都设为设置1时，要么两个数字显示屏上显示-1，要么没有数字显示屏显示-1。由于显示-1的显示屏的数量是偶数，所以三个显示数字的乘积必须为+1：如果两个显示屏上显示-1，则三个数字的乘积为$-1 \times (-1) \times 1 = 1$；如果没有显示屏上显示-1，则乘积为$1 \times 1 \times 1 = 1$。

这些观察结果与量子预测一致，对此我们无须深入讨论。我们的目标是证明，这些观察结果和定域实在性这一假设无法同时成立。

正如我们在之前的例子里看到的，定域实在性意味着：每个光子都带有隐藏属性；测量结果由光子的隐藏属性和进入其分析器的开关设置确定；光子不受其他光子及其他分析器开关设置的影响。因此，每个光子必须具有以下四个隐藏属性之一：

属性 I:　（设置1→+1。设置2→+1。）

属性 II:　（设置1→+1。设置2→−1。）

属性 III:　（设置1→−1。设置2→+1。）

属性 IV:　（设置1→−1。设置2→−1。）

这里完整罗列了光子可能具有的隐藏属性；每个可能 94的开关设置有两种可能的结果。

用符号表示分析器上显示的数字会更方便。我们用字母A、B和C代表三个光子，用下标来表示开关的设置。因此，如果光子A的分析器设为设置 1，则用A_1代表显示的数字。如果光子A的分析器设为设置2，则用A_2代表显示的数字。A_1和A_2现在其实是隐变量，我们可以将它们看作隐藏属性。因此，光子A的四种可能的隐藏属性是A_1和A_2值的四种可能组合：

属性I:　($A_1 \rightarrow +1. A_2 \rightarrow +1.$)
属性II:　($A_1 \rightarrow +1. A_2 \rightarrow -1.$)
属性III:　($A_1 \rightarrow -1. A_2 \rightarrow +1.$)
属性IV:　($A_1 \rightarrow -1. A_2 \rightarrow -1.$)

以同样方式为光子B定义B_1和B_2，为光子C定义C_1和C_2。每个光子有两个隐变量，三个光子总共有六个隐变量。每个隐变量有两个可能的数值，因此一共有$2 \times 2 \times 2 \times 2 \times 2 \times 2 = 64$种数值组合。我们一定要明确考虑所有的64种组合吗？

幸运的是，我们能马上证明这64种组合中，没有一种与两个事实相符。根据事实1，每当一个开关设到设置1，其他两个设到设置2，三个数字乘积为-1。我们可以看看这三种可能性，别忘了下标表示的是开关的设置：

事实1（三种情况）：

- 光子A的分析器设置为设置1，其他两个设置为设置2。于是有了 $A_1B_2C_2=-1$。
- 光子B的分析器设置为设置1，其他两个设置为设置2。于是有了 $A_2B_1C_2=-1$。
- 光子C的分析器设置为设置1，其他两个设置为设置2。于是有了 $A_2B_2C_1=-1$。

让我们看看上面三个等式能否告诉我们 $A_1B_1C_1$ 的值。我们将利用 1^2 等于1以及 $(-1)^2$ 也等于1这一事实。由于每个隐变量（A_1、A_2、B_1、B_2、C_1 和 C_2）都是1或-1，因此任何隐变量的平方始终是1。因此，我们可以写出，例如 $A_2 \times A_2=A_2^2=1$，$B_2 \times B_2=B_2^2=1$ 和 $C_2 \times C_2=C_2^2=1$。

我们只需用1与 $A_1B_1C_1$ 相乘3次：

$$A_1B_1C_1=A_1B_1C_1 \times 1 \times 1 \times 1$$

96

我们用 $1=A_2 \times A_2$ 取代1，用 $1=B_2 \times B_2$ 取代另一个1，然

这里的每个光子似乎都在监测着三个分析器的开关设置，并与其他两个光子合谋以满足观察到的事实。

后用1=$C_2 \times C_2$取代第三个1：

$$A_1B_1C_1=A_1B_1C_1 \times A_2 \times A_2 \times B_2 \times B_2 \times C_2 \times C_2$$

然后，我们只是重新排列右边的变量：

$$A_1B_1C_1=A_1B_2C_2 \times A_2B_1C_2 \times A_2B_2C_1$$

右边的三项正好是事实1得出的三个表达式。我们看上面，就知道右边这三项都是-1：

$$A_1B_1C_1=(-1) \times (-1) \times (-1)=-1$$

我们因此可以得出结论$A_1B_1C_1=-1$：当三个开关都设置到设置1，三个显示数字的乘积为-1。但这和事实2相矛盾。事实2说当三个开关都设置到设置1，三个显示数字的乘积必然是+1！

我们从量子理论得到事实1和事实2，且测量验证了这些事实。然而，定域实在性又一次无法解释所测量到的事实。事实上，定域实在性的预测与事实2正好相反（在事实1给定的情况下）。我们又一次被迫放弃以下假设：每个光子都被预设，遇到测量仪器时注定表现出一种特定的行为，与另一个光子和它们的分析器无关。这里的每个光子似乎都在监测着三个分析器的开关设置，并与其他两个光子合谋以满足观察到的事实。

第五章　与相对论和解

相对论与量子物理学是现代物理学的两块基石。在这两个领域里的发现，不仅搅乱了我们的常识，而且它们似乎还互相拆台。让我们探究爱因斯坦的相对论，认识并解决它与量子纠缠摆上台面的冲突。

爱因斯坦相对论的惊人真相

比爱因斯坦更早的物理学家已经认识到：光是一种电磁波。事实上，光的运动速率是电磁学定律蕴藏的一块瑰宝。电磁学定律久经考验，它预测：光在真空中的运动速率是每小时6.7亿英里①。

①　1英里约合1.6千米。——译者

相对论与量子物理学是现代物理学的两块基石。在这两个领域里的发现，不仅搅乱了我们的常识，而且它们似乎还互相拆台。

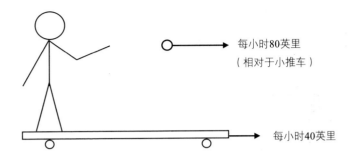

每小时80英里
（相对于小推车）

每小时40英里

图14 如果一个棒球投手坐在以每小时40英里的速率行驶的小推车上，并以相对于车子每小时80英里的速率投出一个棒球，那么棒球相对于地面的速率将是每小时120英里。

爱因斯坦非常仔细地思考了这个事实。他认识到，无 论人们在哪里或动得有多快，物理定律对于所有人必须都是一样的。具体来讲，无论人们在哪里或动得有多快，预测到光速的电磁学定律对所有人必须都是一样的。这就是说，无论人们在哪里、动得有多快，所有人测量到光在真空中的速率必然相同。这个洞察，看似简单，却彻底革新了我们对空间与时间的认识。

想象有一位棒球投手能以每小时80英里的速率投掷一个球。现在，投手在一辆以每小时40英里行驶的小车上，他以每小时80英里的速率把一个球投掷出去（图14）。球

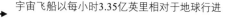宇宙飞船以每小时3.35亿英里相对于地球行进

宇宙飞船发出的光以每小时6.7亿英里相对于飞船（也相对于地球！）行进

图15 这艘宇宙飞船以每小时3.35亿英里相对于地球行进。飞船头灯的光相对于飞船以每小时6.7亿英里的速率行进。光相对于地球的速率完全相同。

来源：地球的图像来自publicdomainvectors.org

相对于投手和小车的运动速率都是每小时80英里，因此，球相对于地面的运动速率是每小时120英里。这是我们通常的认知。

现在用一艘宇宙飞船代替小车，宇宙飞船相对于地球的运动速率是每小时3.35亿英里。并且，我们用飞船的头灯代替棒球（图15）。相对于宇宙飞船，头灯发出的光以每小时6.7亿英里的速率行进。那么，此时的光相对于地球

的运动速率是1.035亿英里每小时吗？爱因斯坦说：不！虽然宇宙飞船以一半的光速相对于地球前进，而且运动方向和光的方向一致，但是光相对于宇宙飞船以及光相对于地球的运动速率完全相同。

在所有观察者看来，光都以同一速率行进。要理解这一点，我们必须重新思考时间和空间。实际上，虽然所有观察者都一致同意在真空中光速一致，但他们在另一些基本测量（对时间和空间的测量）上存在不同。如果一个观察者相对于另一个观察者快速运动，他们在三项基本观测结果上会产生分歧：两个事件之间的时间间隔、物体的长度、某些事件发生的顺序[1]。而这两个观察者都没错！谁都没产生幻觉。而既然光速是严格固定的，那么时间和空间必须是流动的。

这是爱因斯坦发现的惊人真相之一。打个比方就是，汽车的长度取决于谁来测量。说得更具体些，就是汽车的长度取决于它相对于测量者的运动速率。因此，"那辆车的长度是多少"这个问题是模糊且不完整的。这就好比我们问"到亚特兰大的距离是多少"。我们想知道的或许是我们提问时所在位置到亚特兰大的距离……又或许我们想汽车的长度不是独属于汽车的一种属性；
汽车的长度还取决于观察者的相对速率。

————————————

知道的是阿尔法半人马星系到亚特兰大的距离。同样地，或许我们想知道的是我们坐在车里时汽车的长度……又或许我们想知道的是当汽车以光的一半速度从我们身边疾驰而过时它的长度。（汽车的长度不是独属于汽车的一种属性；汽车的长度还取决于观察者的相对速率。）

只有在相对论速率时（也就是当速率接近光速时），这些相对论效应才显著。日常生活中，一个人相对于另一个人的运动速率远远小于光速。因此在日常生活中，我们对于时间间隔、长度、事件发生顺序都能达成共识。相对论和量子物理学一样，是宇宙神秘架构的一部分；只有当我们靠技术有了超越来自日常感官的认识，它们才向我们展现。我们来看，从一个所有人都认可的简单事实（真空中光速相同）出发，爱因斯坦的神秘真相是如何浮出水面的。

时间膨胀

有一种通用方法可以证明：观察者对两个事件之间的时间间隔看法不同。想象一个房间的地面上有一个激光

图16 脉冲光行进的总距离是2H，也就是房间高度的两倍。

器，它对着天花板上的一面镜子。考虑这两个事件之间的时间间隔：激光器发射一个短脉冲光，光经过镜面反射后回到光源。

距离=速率×时间，

所以从脉冲光发射到脉冲光返回的时间间隔为：

时间=距离/速率，

这里的距离是房间高度的两倍（图16），速率是光速。因此，在房间里的观察者发现，时间间隔为2H除以光速。

但是，现在我们假设这个房间实际上是一节火车车厢，火车相对于地面以相对论速率v前进。车厢是透明材料做的，所以车厢外的人也能观察到这两个事件。想象车厢外的地上站着有一个人，名叫格罗弗，想象车厢内也站着一个人，名叫特蕾西。

格罗弗看到了同样的两个事件：激光器从火车车厢地

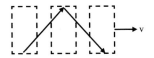

图17　用虚线矩形表示列车车厢相对于地面的三个位置：车厢在第一个位置时发出光；车厢在第二个位置时光从车顶反射；车厢在第三个位置时光返回源头。对角箭头表示光线的路径，水平箭头表示列车车厢的运动方向。

板发射出光脉冲，之后光返回光源。这两个事件发生在不同位置（相对于地面），因为在光行进的这段时间里，火车也在移动。实际上，在格罗弗看来，光一定是沿着对角线在行进。

如图17所示，光发射时火车处于一个位置，光被天花板反射时火车处于另一个位置，而光返回光源时火车处于第三个位置。从格罗弗的视角看，光行进的距离是两条对角线的总长度。因此，光从发射到返回源头的行进距离取决于谁在观察。

两个观察者一致认为：时间=距离/速率。且两个观察者一致认为：速率是光速，光速对所有人都相同。但他们得到的距离并不相同。对于格罗弗来说，光的行进距离大于2H。因此，格罗弗测量到的两个事件之间的时间间隔比火车上的观察者测量到的要大。科幻作家钟爱一个事实：地球上的人所经历的时间流逝比高速太空旅行者快得多。这不是因为时钟出了技术问题，也不是因为太空旅行者产生了什么生物反应，更不是出于错误的观点。对于以不同速率行驶的人，时间本身以不同的方式流逝。

人们通常把时间膨胀总结为"移动的钟表走得慢"。

特蕾西用固定在火车车厢地板上的时钟，来测量在那里发生的两个事件（脉冲光的发射与返回）之间的时间间隔。格罗弗对特蕾西的时钟所显示的时间间隔有不同意见，格罗弗测量到的时间间隔更长；因此格罗弗抱怨特蕾西所用的时钟慢了。

然而从特蕾西的视角看，正在运动的其实是格罗弗，这令人困惑。根据特蕾西的观点，格罗弗的时钟走慢了！实际上，两个观察者都抱怨是对方的时钟慢了。我们不去仔细解决这个悖论。解决之道在于相对论的另外两个基本结果：长度收缩、对事件发生顺序的异议。我们稍后就来讨论它们。

我们可能好奇一个相关的难题，那就是双胞胎悖论。

假设有一对双胞胎姐妹出生在地球上。其中一人登上了一艘飞船，以相对论速率旅行；返回地球后，她发现孪生姐妹比自己老得多。事实上，当她们在地球上重聚时，双胞胎姐妹都承认这个事实。一方面，这是一个时间膨胀的简单例子：旅行那个人的时钟（包括生理时钟）走得慢。另一方面，从旅行那个人的视角看来，飞船保持不动，地球才是加速远离了航天器后又返回。这个视角也没错，不是吗？从在飞船静止视角看，停留在地球上的那个双胞胎姐妹才是高速旅行者，她应该衰老得更慢。

这个悖论最终得到解决，还是靠着我们正确的直觉：真正加速的是远离地球的宇宙飞船。如果站在一辆加速的公交车上，你会突然感到颠簸，可能身体还会失去平衡。尽管在静止于公交车内的人来看来，人行道在加速远离，但站在人行道上的人感觉不到加速带来的颠簸。通过使用加速计，我们可以证明是公交车相对于地球加速，而地球保持静止[2]。同样，搭乘宇宙飞船旅行的那位双胞胎经历了加速，而停留在地球上的那位并没有。

双胞胎悖论中发生的事还挺多，但可以明确有这几个基本阶段：

1. 双胞胎出生于地球上，她们年龄相同。

2. 双胞胎中的其中一位登上宇宙飞船并加速远离地球。旅行中的那位正在经历加速，而停留在地球上的那位却没有。旅行中的那位可以通过观察飞船上的加速计来确认这个事实。

3. 然后，旅行中的那位以恒定的相对论速率穿过太空。现在没有加速（飞船正在滑行），因此两位的视角都是正确的：双胞胎姐妹都看到对方的时钟慢了。双胞胎姐妹都是正确的；对于不同的观察者，时间流逝的方式是不同的。

4. 宇宙飞船减速到静止，然后在返回地球的航程中再次加速。而停留在地球上的那位没有经历任何加速或减速。

5. 旅行中的那位再次以恒定的相对论速率行进，这次是朝向地球。由于没有加速，双胞胎姐妹再次发现对方的时钟慢了。

6. 旅行中的那位减速从而在地球上着陆，而停留在地球上的那位保持不动。

7. 双胞胎都在地球上静止。旅行的那位更年轻，因为只有她经历了加速和减速。

关键在于：对于以恒定速率（无加速）行驶的所有观察者，物理定律都是相同的。为了理解那些加速到相对论速率的人到底经历了什么，我们可以从一个始终静止的视角（或以恒定速率移动的视角）来考虑[3]。

长度收缩

回想我们用来证明时间膨胀的实验。假设激光器在发射脉冲光时恰好位于一根铁轨枕木的正上方。再假设当光线返回光源时，激光器正好位于另一根铁轨枕木的正上方。现在特蕾西和格罗弗希望确定两根枕木之间的距离。两个观察者对这两个数量意见一致：光的速率、他们移动的相对速率v。

两个观察者都可使用距离=速率×时间这个公式来算出两块铁轨枕木之间的距离。对于特蕾西，速率=v，即枕木在她下方高速飞驰。时间是光发射（当时第一块枕木在正下方）和光返回光源（第二块枕木在正下方）两个事件之间的时间间隔。

对于格罗弗，速率也是v，即火车以此速率飞驰。时间也是光发射（激光器正好在第一块枕木正上方时）和光返回光源（激光器正好在第二块枕木正上方）两个事件之间的时间间隔。但是我们发现，两个观察者对时间间隔看法不同！格罗弗测量到的时间间隔更长。由于距离与时间成正比，因此格罗弗测量到的两块枕木之间的距离比特蕾西测量到的距离更长。

特蕾西测量到的铁路轨道之间的距离更短。铁路轨道相对于特蕾西在移动，沿着铁轨的距离被压缩了（相对于格罗弗的测量）。这就是沿运动方向物体的长度收缩。两位观察者对火车的高度意见一致，因为长度收缩对垂直于运动方向的距离不起作用。

我们看到两位观察者彼此抱怨另一人的时钟慢了。同样，两位观察者彼此抱怨另一人测量到的长度被压缩了（但仅沿着运动方向）。相对于格罗弗，火车在移动，因此格罗弗测量到的火车的长度比特蕾西测量的长度更短。怎么会这样呢——每个观察者都声称是另一人的长度被压缩？等我们从光速恒定得出另一个结论后，就能够解决这个悖论。

事件的时间顺序可能取决于谁在观察

从光速恒定得出的第三个结论，或许最为奇怪。而对于讨论量子纠缠来说，它又是最重要的。现在考虑从火车车厢中心发出一道脉冲光。在特蕾西看来，光同时到达了火车车厢前壁和后壁（图18）。这两个事件（光到达前壁和光到达后壁）是同时发生的，但这只对特蕾西来说是如此！

格罗弗看到，火车车厢前壁远离光源，车厢后壁以同样方式朝光源行进。因此，光先到达后壁，之后光再到达前壁。这两个事件在特蕾西眼中是同时发生的，在格罗弗看来是前后发生的。两个事件的同时性并不是一个普遍事实，而取决于谁在观察。

我们想象特蕾西在火车车厢的前后两壁上安装了计时器；根据设计，计时器在脉冲光到达时开始计数。特蕾西看到两个计时器同时开始计时，因此这两个计时器是同步的。而格罗弗则看到后壁上的计时器先开始计时，因此后壁上计时器显示出比前壁上计时器更早开始的计时时间。

这种差异不仅仅出现在这两个计时器上，特蕾西所有

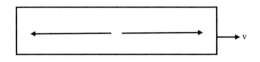

图18　车厢中央的一道光同时到达两壁，但这仅仅是列车上的观察者的结论。

的钟表都会出现差异。方便起见，我们想象特蕾西沿着车厢安装了许多同步的钟表。对于格罗弗，越靠近车厢后壁的时钟（图18中的左边）显示的计时时间越提前。

114　　有了这种关于时间顺序的分歧，我们就能解决有关长度收缩的悖论。特蕾西看到格罗弗的长度沿着运动方向被压缩，而格罗弗看到特蕾西的长度沿着运动方向被压缩。我们可以想象，每个观察者都有一把平行于运动方向的尺。每个观察者都认为另一人的尺太短了——不足一码。

　　格罗弗想弄明白，特蕾西怎么会认为格罗弗的尺太短了（比她的尺短）。格罗弗清楚地看到，是特蕾西的尺太短了（比自己的短）。格罗弗认识到，尺的长度是尺两端之间的距离。因此，要测量一个从你身边经过的尺的长度，你可以记录两个端点的位置。但是你得留意，必须同时记录这两个位置！如果一支箭从你身边飞过，而你先记录箭头的位置，然后再记录箭尾的位置，那么两个位置之间的距离就会小于箭的长度。

格罗弗发现特蕾西的时钟不仅滞后，而且还滞后得各有不同。因此，当特蕾西记录格罗弗的尺两端的位置时，她根据自己的时钟同时记录两个位置。但是格罗弗看到特蕾西左边的时钟显示的时间比她右边的时钟晚。因此，在格罗弗看来，左侧的一切都发生得太早了；当特蕾西试图同时进行两个测量时，她实际上先进行了左侧的测量，然后进行右侧的测量。（特蕾西本人观察到她同时执行了测量。）

就这样，悖论解决了。格罗弗看到的是：特蕾西在火车车厢的透明地板上做了一个标记，格罗弗以此作为自己尺的左端。（对于特蕾西来说，左端就像运动箭头的尖。）对格罗弗来所，特蕾西在经历了时间流逝后标记了格罗弗尺的右端。（对于特蕾西来说，这就像是运动箭头的尾。）因此，格罗弗认为两个标记点之间的距离错误地少记了；两端是在不同的时间记录的。在此时间间隔内，火车相对于标尺移动，因此记录的两个位置之间的距离当然不同于实际长度。特蕾西也发现两端之间的距离不足一米，即便她所用的尺（在格罗弗看来）已经是缩短的了。

特蕾西的观点同样有效。她可以解释为什么，格罗弗即使使用了缩短的尺，还会声称她的尺才是缩短的。她认识到，格罗弗认为自己同时记录了她的尺两端的位置，但实际上在两次测量之间他确实让时间流逝了。

再次说明，每个观察者只在另一个观察者看来才犯了错。两个观察者对时间间隔、长度和事件发生顺序都提出同样合理的主张。然而，这些空间和时间的属性并不是普遍适用的，它们取决于谁在观察。

现在考虑有一个观察者向右移动，他比火车更快。对于这个观察者而言，火车正在向左远离他。因此，对于这个快速的观察者而言，火车的左壁正在远离光源，右壁正在向光源移动。快速的观察者看到光先到达右壁，然后才到达左壁，这与格罗弗所观察到的时间顺序相反！

长度收缩悖论得到解决，但代价是什么？是否出现了新的悖论？如果事件的顺序取决于谁在看，我们似乎有可能进行时间旅行及遇见随之而来的悖论。例如，请考虑以下两个事件：

1.我在楼梯顶部绊倒。

2.我倒在楼梯底部。

根据我的观察，事件1发生在事件2之前。但是，如果你以相对论速率行驶，你会不会先看到事件2发生？如果你在我绊倒之前就看到我到达楼梯底部，你是否可以通过封闭楼梯顶部来阻止事件1的发生？但是，如果你阻止了事件1的发生，你如何见证由事件1引起的事件2？

爱因斯坦证明，只要没有任何东西比光速更快，我们就可以避开这些悖论。如果没有任何东西比光速更快，则所有观察者都同意，先有原因发生才会有结果；结果发生在原因之后发生。只有在事件没有因果联系时，不同观察者才会观察到事件的顺序不同。

但是，"只要没有任何东西比光速更快"这条免责声明说明了什么？量子纠缠是否撼动了这个条件？

和量子纠缠的明显冲突

现在让我们回到量子纠缠以及对两个纠缠光子的观察。如果对一个光子进行测量会对另一个光子产生物理影响，无论距离有多少该影响都会立即发生，且不会随着距离增加而减弱。另一方面，爱因斯坦的相对论认为没有东西能比光速（每小时6.7亿英里）更快。假设你我之间有6.7亿英里的距离。在我俩的中间点发射一对纠缠光子，也就是我们在第三章遇到的那些纠缠光子对，它们是水平偏振或是垂直偏振的概率相同。如果两个光子都遇到水平偏振器，则它们要么都通过要么都受阻。

假设我俩决定，在朝我们行进的光子的路径上放置一个水平偏振器。你发现你的光子通过了偏振器，你希望用最快的方式将这个信息传达给我：于是你用了光速行进的无线电波。我一小时后收到你的无线电波，此时新闻已成"旧闻"。其实，我早在一小时前就知道了你的测量结果，因为我看到我的光子通过了水平偏振器。难道是我们发现了一种打败相对论、比光速更快的通信方法吗？

事实上无论用什么方法来测量一个光子，都无法向远程的"孪生光子"传递信息。两个实验者可以约定将偏振器设置为相同的角度，但是所测量的第一个光子通过或受阻的概率相同。远程光子必然做同样的事情，但这并没能为我们增加任何信息。因为我们发送的这个"信号"是一个随机结果，并不受我们控制。纠缠粒子之间的微妙连接所传递的既非物质也非信息。通过澄清这一点，我们可以让相对论和量子纠缠达成和解。

甚至，幽灵般的超距作用与相对论最奇怪的那个结果达成了一致：事件的时间顺序取决于谁在观察。你我可能会一致认为：你在我之前测量你的光子，但是一个移动异常快速的人可能会观察到我的测量首先发生。快速移动的观察者看到按相反的顺序发生的测量，但结果是相同的：第一次测量的结果是随机的，第二次测量被迫得出相同结果。

6

第六章 直接观察是唯一现实吗?

实验违背了定域实在性。然而确立真理比推翻错误要难。真理很难找。我们没法在进行观察前观察到光子——因此我们没有直接证据表明一个光子影响了另一个。人们关于这些观点的争论导致了一系列有关量子力学的各种解读。

我们再回顾一次。产生两个纠缠的光子,它们水平偏振或垂直偏振的概率相同。我们在两个光子前各放一个水平方向的偏振器。一半情况下,两个光子通过各自的偏振器;另一半情况下,两个光子都没能通过偏振器。

我们称它们是光子A和光子B。假设光子A到达偏振器比光子B早。如果光子A通过了偏振器,我们知道光子B到达水平方向的偏振器时肯定也能通过。那么,当光子

A通过偏振器时究竟发生了什么改变呢？光子A变了吗？两个光子都变了吗？还是都没变？又或者，两个光子是到达偏振器后才发生变化，还是在探测器向电路板报告了探测结果后才发生变化？

如果我说自己的左脚大小在我测量它时变了，那么我们预期能直接观察到这种变化：当我拿一把尺比对自己左脚时，我们应该能看到我的右脚缩小或膨胀，或从蓬松变得紧实。同样，我们预期能在测量光子A的前后观察到光子B，去看看到底发生了什么变化。然而，对光子B的首次观察也是一种测量，它可能影响光子A的状态。

我认为，在我们最先观察任意一个光子时，两个光子就都转变了。这种转变无法被观察，因为我们不能在初次观察前进行观察。因此我们就无法观看一个光子因为孪生光子被测量所带来的变化。我们永远无法触及大自然最核心的运作。追求一个完整理解，就像有个地方的痒我们永远挠不到。我们（几乎）能肯定的唯一事实，就是定域实在性无法解释测量结果。

123　　定域实在性违背了贝尔不等式，因而溃不成军。因此定域实在性是量子物理的负空间：定域实在性的解释已被排除。如果抛弃定域实在性，那我们还剩下什么可选？只剩下对现实神秘的理解吗？量子力学归根到底是在述说宇宙的神妙吗？我们再也无法声称物理只是一组能预测实验结果的公式，它和哲学思考不相干：贝尔不等式表明，实验否决了看似有理的哲学假设。还有很多其他假设，它们各有信众，但没一个看起来特别可信。

对量子力学的哲学诠释的确有很多。我不想收集罗列所有诠释，也不打算用同等篇幅来一一分析为首的几个诠释，我也不去把这些观点按标准做法分为几大类。但我会思考四类对贝尔不等式的回应：

1.找出我们没意识到自己已做的假设。

2.抛弃定域性和实在性。

3.抛弃定域性，保留实在性。

4.抛弃实在性，保留定域性。

找出我们没意识到自己已做的假设

如果我们要保留定域实在性，就像在狂风暴雨的大海中决定当一名救生员，那就必须再找出一个也许是错的假我们再也无法声称物理只是一组能预测实验结果的公式，它和哲学思考不相干：贝尔不等式表明，实验否决了看似有理的哲学假设。

———————————————————

设。这样一来，我们推导得到的数学约束与实验不相容，就可以归罪于这个假设。如果错在假设，那么定域实在性就有可能无罪。

首先，让我们考虑一个与实在性看似相同的假设：未说明的**反事实确定性假设** [1]。根据这个假设，即使每个光子都通过设定为某个角度的偏振器，我们也可以明确光子遇到**不同**角度的偏振器时会发生什么。实在性假设——光子具有能预先确定对任何角度的偏振器的响应的属性——似乎要求反事实确定性。接下来，我们来区分实在性和反事实确定性。

在普通生活中，反事实确定性看着挺合理。例如，我此刻没在跳，因此讨论如果我跳必然会发生什么事情是反**事实的**。然而我有信心说：如果我跳，我会重新落回地面；如果我放下笔，笔会往下掉；如果我拍手，我会听到声音。所有这些陈述都似乎是显而易见为真——这是因为反事实确定性是如此无害，我们一直是这么假设。

我们已经知道，量子粒子许多方面都不符合我们的预期。我们不妨问一问，是否存在什么是从根本上禁止我们明确，粒子如果经历了不同于它实际经历的情况又会怎么

126

做。如果我们反对反事实确定性，能挽救实在性吗？

考虑**超决定论**的观点，会让实在性和反事实确定性之间的区别变得更加清晰[2]。超决定论认为，不存在自由意志。整个宇宙是一个在其预定轨迹必然演进的鲁布·戈德堡（Rube Goldberg）装置。未来发生的所有事件，包括最微小的细节，在宇宙大爆炸的那一刻就已被预设。自由意志是一种幻觉，如果相信这种幻觉，也只是因为我们被预设会相信。

所有贝尔不等式的推导，都基于实验者可以自由选择偏振器角度这个假设。比如实验者自由选择0°、30°或60°。由于光子不"知道"它们将会遇到的角度，它们必须为所有可能的角度做好准备（必须具有隐藏的属性）。在一个超决定论的宇宙中，光子需要做的准备要少得多。每个光子需要一个属性，只为它必然会遇到的那一个偏振器角度。因此，实在性的假设是有效的；光子有其单个属性（导致它通过或受阻），即使在我们测量之前它也是如此。尽管这种解释保护了实在性，但它仍然非常奇怪。每个光子通过一定方式"知道"它将遇到的偏振器的角度。这两个光子不再需要合谋，而是每个光子在到达偏振器之

127

前，都必须与自己的偏振器合谋。既然合谋发生在大爆炸期间，而当时所有物质都挤在一个区域内，那么定域性就没问题。

反事实确定性在一个超决定的世界里怎么都是错的。因为绝不可能发生其他情况，所以我们无法明确一个光子在测量中会怎么做，除非它真的经历了。

量子力学的**多世界诠释**是又一个破坏反事实确定性的观点[3]。这个观点认为，测量的所有可能结果都是真实的——在平行宇宙中！进行测量时，世界分裂了：光子在一个世界中是垂直偏振的，在另一个世界中是水平偏振的。（我相信拥护这种解释的人更喜欢另一套术语：所有可能结果的总和构成了唯一的现实。因此，现实本身并没有分裂；只不过在唯一的现实内部有了新的分支，而我们只意识到其中一个分支。）

多世界诠释看起来不切实际，但它是基于实在性的。量子力学将纠缠光子的状态表示为水平偏振和垂直偏振两种互斥的结果之总和。多世界诠释认为这个总和是终极现实。测量造成了这个总和分裂到各个世界里。所有世界加到一起仍然是那个单一的深刻的现实，但我们只感知到我

128

们所居住的这个世界。从某种意义上说，当我测量一个光子的偏振时，我并没有改变这个光子，它一直作为垂直和水平偏振的总和而存在；我其实是改变了*我自己*，我分裂成了一个观察垂直偏振的人和一个观察水平偏振的人。

现在我们想要探讨反事实确定性在多世界诠释中是否有效。在一个特定的世界中，如果偏振器的设置不同于事实上的设置，我们能否知道光子会做什么？那么，又是什么让实验者决定不同的设置呢？这是随机的吗？我们想象一个随机量子事件决定偏振器的角度。例如，我们可以设置一个发射单个光子的光源。我们称这个光子为决策者。我们安排一个实验，让决策者有50%的机会垂直偏振，有50%的机会水平偏振。假设这个光子的偏振设置了我们纠缠实验中一个偏振器的角度。

哦，等一等！当决策者光子被测量时世界分裂了！我们无法谈论如果偏振器的设置不同，纠缠光子会怎么做，因为*那*只会在另一个宇宙中发生！

作者们描述多世界诠释时喜欢加一个"这听起来像科幻小说"的免责声明。出人意料的是，大量的物理学家真还相信这种诠释。同一个物理专业，不仅带来了飞机和计

129

算机芯片，还告诉我们这整个宇宙可能只是无限膨胀的平行世界中微不足道的一点。

事实上，由于多世界诠释解决了量子力学中的测量问题，而受到赞成者的支持[4]。测量问题并不只是针对纠缠粒子。即使是单个粒子，它在测量前也处于不确定、不可知的状态。测量把粒子逼到了一个其属性（比如位置）具有更精确值的状态中，而粒子另一个属性（比如速率）的状态则必然变得更加不确定。同样，在水平或垂直方向测量光子的偏振时，我们会知道它是水平还是垂直偏振，但我们会失去任何有关它是否以45°或−45°方向偏振的信息。在测量一个属性时丢失另一种属性的信息，这是海森堡著名的测不准原理。

但测量究竟是在什么时候发生的？这是一个关键问题。因为发生了这样一个根本性的转变，粒子似乎转变得不再是原来的它。光子究竟是从何时开始发生变化的？当光子通过偏振器时？还是当它到达探测器时？还是探测器将电子信号发送到电路板时？还是电路板传递消息到计算机时？还是计算机显示0或1时？还是当有意识的观察者在计算机屏幕上看到结果时？一些物理学家还真就提出了意同一个物理专业，不仅带来了飞机和计算机芯片，还告诉我们这整个宇宙可能只是无限膨胀的平行世界中微不足道的一点。

识创造客观真实状态的观点。在被某人的意识觉察前，光子处于一种基本不确定和无法知晓的状态，而在它的路径上遇到的一切也同样，它们的不确定性像雪崩一样快速递增！这个观点认为，在有意识的观察者到来之前，计算机屏幕以一种难以想象的组合同时显示着**互斥的结果**。

测量是个麻烦，它破坏了一个量子态的平稳演化。量子物理学的基本公式有一件事情做得很好：它确定了可测量结果的概率以及这些概率随时间的变化。测量一旦进行，所有未测量到的结果就会从方程中被扔掉。这个"扔掉"过程并不是方程本身决定的，没有人完全理解它。根据多世界诠释，这种情况根本不会发生[5]。多世界诠释认为，没有任何结果被扔掉，因为所有可能的结果都同时存在于平行世界里。

现在我们来思考从贝尔不等式派生的一些隐含假设。有一个被称为**公正取样**的假设：探测器效率达不到100%，很大一部分前来的光子不会被探测到。例如，假设探测器对到达它的光子的响应率为20%。我们未说明的假设是，到达探测器的每个光子都有相同的20%的被探测机会；系统没有被人为装置。这个公正取样的假设也被称为**探测漏**

洞。如果我们不认可公正取样这个假设，我们可以提出一种（荒谬的？）说法，即探测器为了愚弄我们，以某种方式偏好违背贝尔不等式的光子；只有探测到的光子违背了贝尔不等式，如果替换成理想的（100%有效）探测器，贝尔不等式实际上会被满足。

我们还假设光子事先不"知道"它们将遇到的偏振器的角度；这就是为什么实在性要求光子对所有可能的偏振器角度都有预设的结果。如果光子可以以某种方式预先感知偏振器的角度，那么又会怎样呢？那么我们就无法推导出任何贝尔不等式，因为光子只需要有一个预设结果。（我们在超决定论的讨论中遵循了这种推理方法。）我们想象有一种形式的信号从偏振器到光子，让光子提前了解到它们将遇到的偏振器的确切角度。

对我来说，比起认为一个光子的测量会影响另一个光子，光子以某种方式感知到它们还没到达的偏振器的角度没那么诡异。如果我们想象光子可以在它们到达前以某种方式从偏振器接收信息，那么就有了所谓的定域性漏洞（locality loophole）。根据这个观点，如果信息（不快于光速）从偏振器传到光子，那么定域内（即在光子的原始位置）可获得这个信息。这不同于一个光子的测量瞬间（超过光速）影响另一个（非定域）光子的想法。

在1982年到2015年之间，各项实验关闭了探测漏洞或定域性漏洞。例如，1982年，阿兰·阿斯佩（Alain Aspect）带领大家做了一个实验，有效地旋转了行进光子前方的偏振器，光子因而无法提前得知它们将遇到的偏振器的角度[6]。其他实验用高效的探测器来关闭了探测漏洞。不过真正的狂热者在2015年前仍坚称，实验结果违背数学约束**不**是定域实在性带来的。最终到了2015年，一个实验中同时关闭了两个漏洞[7]。

为了关闭定域性漏洞，必须以无法预测的方式选择偏振器角度。这样一来，光子无法提前得知它们将遇到什么。我们可以在每个偏振器上放置一个随机数生成器来选择角度。但是如果有些未知的共同因素影响了随机数生成器和光子，又该怎么办？那么，由于未知的影响干扰了随机数生成器，光子本可以一直具有预设属性，但同时违背贝尔不等式。这个漏洞被称为*自由选择漏洞*。它挑战我们的假设，即偏振器角度的选择可以自由地进行而不受入射光子属性的影响。理论研究表明如果干扰影响很小，我们不需要走到超决定论那样的极端，也能保留定域实在性。[8]

　　该如何关闭自由选择漏洞？我们需要排除一个干扰因素，这个干扰因素行进不快于光速。一些物理学家用来自遥远恒星的光设置偏振器的角度，结果还是一样：违背贝尔不等式[9]。这些星光在数百年前发射，我们假设它们在通往地球的漫长的旅途中没有被改动。如果存在干扰因素，它在数百年前星光出发前就预先计划了，只为了违背贝尔不等式而产生。我们假设的这个干扰因素，简直就是一个极具耐心且目标极度令人费解的恶棍。

　　还有一个关闭自由选择漏洞的实验，由全世界约10万人生成随机数[10]。这些随机数用于在贝尔不等式验证中设置偏振器角度（或等效的分析器设置）。参与者通过在线玩视频游戏来生成随机数[11]。像往常一样，结果违背了贝尔不等式。我们得出结论，定域实在性被击败了：纠缠粒子在测量之前并没有明确的属性，或者如果它们有属性，那么一个粒子的测量会影响另一个粒子。或者，一个超决定性的力量掌控着10万人看似随机的选择，让人们的选择对应于纠缠粒子在测量前的属性。两种情况出现的结果，都无法用常识解释。

考虑最后一个假设，这个假设我们一直在做，它似乎是常识：当两个纠缠粒子被分开到任意远的距离时，它们处于两个不同的位置，而不在同一个位置。这个假设怎么可能非真呢？嗯，如果两个纠缠粒子通过虫洞连接在一起，那假设就有可能错了，因为虫洞是空间和时间的一种捷径（就像马德琳·恩格尔［Madeleine L'Engle'］的"时间皱缩"）。由于虫洞的两端实际上是同一个点，所以无论纠缠粒子有多远，它们占据的是同一个位置！伦纳德·萨斯坎德（Leonard Susskind）和胡安·马尔达塞那（Juan Maldacena）2013年提出了这个想法[12]。这个假设的简称是ER = EPR。

EPR指的是爱因斯坦与鲍里斯·波多尔斯基（Boris Podolsky）和内森·罗森（Nathan Rosen）合著的一篇文章，发表于1935年。这篇文章认为，纠缠揭示了量子力学的缺陷：需要一个更完备的理论，来指定任何可能的测量的确切结果。在EPR的论文发表后不到两个月，爱因斯坦和罗森（ER）发表了一篇关于虫洞（我们现在这么叫）的论文[13]。如果ER = EPR，那么纠缠粒子甚至比我们想象的更奇怪，它们由一条看不到的时空隧道相连！

事实上，物理学家中流传着一种受欢迎的观点。这种观点认为**现实是一个更高维的空间**[14]。对空间和时间的日常观念不足以理解纠缠。为了理解这种认知局限，我们可以想象比我们这个世界维数低的一个世界：想象一个只能存在于一个几何平面图形中的社会[15]。这个世界的二维人没有三维空间的概念，因为他们从未经历过三维空间。

现在想象，一个三维的巨人开始拿叉子在二维世界中刺戳。叉子刺戳的位置和时间都随机。二维人颤抖着，惊恐万分地看到叉子的齿是四个分开的圆团。他们看不到这四个圆团之间的任何物理联系。他们可以用绳子分别围住每个圆团，来证明圆团是彼此分离的。这四个圆团总是几乎同时出现，而且几乎同时消失。虽然二维科学家无法预测这些圆团何时何地出现，但相邻圆团之间的距离始终相同。（也许圆团在出现后会稍微膨胀，在消失之前会缩小，而各圆团中心之间的距离始终不变。）

二维科学家想知道：一个圆团的出现是否导致其他三个圆团在一定距离之外出现。这是幽灵般的超距作用吗？这些二维科学家正在挠他们二维的脑袋。最终，在他们的二维大脑中形成了一个想法。也许这些圆团的分离是一种错觉；也许，在一个无法想象的更高维的空间中，这四个圆团是一个统一的整体。一个圆团的属性并不影响其他任何圆团的属性。相反，圆团之间的关系始终存在于更高维的空间中，只是偶尔与熟悉的二维现实交错。

这就是一些物理学家解释纠缠的方式：我们生活在与更高维现实的交错中。就像那些二维科学家，我们无法直观理解更高维度中的因果关系。尼古拉·吉桑写道："在某种意义上，现实是发生在我们自己之外的另一个空间中的事情，我们所感知到的只是阴影，就像几个世纪前柏拉图的洞穴寓言用于解释为什么'真实现实'难以知晓。"[16]这个声明不同凡响。科学家给人的刻板印象是他们把经验数据等同于现实，但显然有些科学家将现实放入了一个不可见的、更高的境界。

我们再次回顾定域性和实在性假设。我们已经看到，定域实在性假设对可测量量施加了约束，而测量却违背了这些约束。因此，除非我们接受超决定论这般奇特的观点，否则我们必须放弃定域性、实在性、或两者都放弃。正如我们所看到的，定域性和实在性都非常合理：

科学家给人的刻板印象是他们把经验数据等同于现实，但显然有些科学家将现实放入了一个不可见的、更高的境界。

———————————————————

- 定域性意味着一个物体的测量不能影响到远处的物体。
- 实在性意味着物体在测量之前就有存在的属性；测量只是揭示出物体一直拥有的属性。

如果被物理学逼着放弃至少其中一个常识概念，我们除了接受一个更高维的现实之外还有什么可以选择呢？以下是一些可能性。

放弃定域性和实在性

正如我之前提到的，我认为理解**测量创造了客观实在的态**方便又简单。如果一个光子能通过一个竖直偏振器，那么无论有多少个竖直偏振器排起来，它都能通过。一旦光子经历首次测量，它的竖直偏振似乎就是一个客观事实了。

一对纠缠的光子共享一个状态，并且初始状态是不明确的。光子并没有预先具备的属性，来决定它们在偏振器上的行为，它们并没有注定通过偏振器或受阻于偏振器。让我们假设两个偏振器都设置为相同的角度。如果我们先

140

测量一对光子中的一个，测量会立即创建**两个**光子的一个明确的态。如果我们相信这个态客观实在，那么对一个光子的测量会物理上改变另一个光子。这是爱因斯坦所反对的幽灵般的超距作用（许多物理学家继续反对这个现象）。我们无法证明一个光子的测量会改变另一个光子，因为我们无法观察到这个变化的发生；我们无法在对任何一个光子的首次观察之前进行观察。但正是因为这个原因，我们也无法证明一个光子的测量**不**影响另一个光子。事实上，对于结果的预测——一个光子的测量确实影响到两个光子。两个光子从一个不明确的状态转化为一个已知状态。正如蒂姆·莫德林所写："从没有物理态到具有一个物理态是一种变化，随你怎么称呼它！"[17]

即使幽灵作用是真实的，它是否比其他影响（比如引力）更为诡异？如果你在一千年前活着，有人告诉你："阻止地球漂浮到黑暗的无限夜空的唯一力量是来自遥远太阳的巨大吸引力"，你不认为这很诡异吗？引力之所以不显得诡异，仅仅是因为我们现在对它太熟悉了；我们已经将其吸收到了我们对世界如何运作的直觉之中。

对我而言，幽灵作用并不惊人。真正神秘的是测量问题：在被测量之前，光子究竟是什么样子的？测量如何将它们的偏振从本质上无法定义的态转变为明确的态？这个转变是在什么时候发生的？哪个物理过程起到了测量的作用？为什么我们一次出现在两处或者同时又死又活？

一些物理学家认为，量子退相干部分地解答了这些问题：当物体受到周围空气分子和光子的撞击时，它们失去了同时处于两个互斥态的能力。一个态存留下来，而另一个态则消散了。这个过程，可以通过量子方程来解释。人们尚未解释存留的态是如何选择的：态的选择仍然是一个完全随机的过程。

抛弃定域性，我们能保留实在性吗？

人们尝试过构建非定域实在性理论。其中最著名的是戴维·玻姆的理论。如果我们接受非定域性，就有机会保留实在性。我们一直假设每个光子都不受另一个光子偏振器的影响。确实，光子为什么会受远处从未靠近的一片塑料片影响呢？如果你的偏振器影响了我的光子，那必然是它间接地通过你的偏振器对你的光子（它与我的光子纠缠）产生的影响。

2003年，安东尼·莱格特（Anthony Leggett）推导出了一个广义的贝尔不等式。我们回想一下，普通的贝尔不等式基于两个假设：实在性和定域性。莱格特保留了实在性假设，但允许受一定约束的非定域性[18]。量子力学和测量违背了莱格特不等式，但物理学家对这个结果的意义有争议[19]。

抛弃实在性，我们能挽救定域性吗？

143 　　我们只需要找出一个错误假设，来解释为什么贝尔的约束不适用于真实粒子。这个错误假设有可能是实在性吗？如果这样的话，那么定域性就可能是有效的。如果我们拒绝实在性，那么粒子没有被预设在最终被测量时的那个特定表现。因此，在一个纠缠光子对中，即使最终的测量显示一个光子是竖直偏振的，它也不是预设的。但是，当两个偏振器都是竖直的时候，两个光子总是会做同样的事情：它们都通过，或者它们都受阻。如果光子在测量之前处于根本上未决定的状态，那么它们如何能在偏振器角度相同时，始终表现出完全相同的行为呢？如果拒绝实在性，非定域性显得越加必要。事实上，爱因斯坦反对量子力学，就是认为它缺乏实在性而不得不需要非定域性。

但是，我们可以（大胆地？尖锐地？任性地？）坚持**直接观察是唯一的科学现实**。这个主张有各种形式，最早出现的是尼尔斯·玻尔的哥本哈根解释。这个观点的一个极端版本被称为**真正的偶然性**（genuine fortuitousness），它否认了微观粒子的存在！这种观点认为，我们的探测器以一定概率做出反应，但我们不该说探测器真的探测到了任何东西[20]！

量子贝叶斯主义（quantum Bayesianism）是最近出现的量子力学诠释之一，它对"直接观察是唯一的科学现实"的表述形式依然大胆，却没那么极端。量子贝叶斯主义的缩写是QBism（按照cubism的单词发音，特意营造出一种背离既有规范的激进感）[21]。根据贝叶斯统计学，概率会随着新信息的出现进行更新。

举个例子，有一次我去芝加哥，下火车后发现钱包不见了。我悲伤地看着火车渐行渐远。我询问车站中转员是否有失物招领处。他们给了我电话号码，但告诉我没什么用，因为我是遇到了扒手。我打电话给失物招领处，但已经过了工作时间。整个悲惨的夜晚，我都把芝加哥认定为一个恶棍之城。就算我有了新钱包，肯定还会被抢。

第二天早上，我打电话给失物招领处，得知有人送回了我的钱包，里面有136美元！我马上改变了对芝加哥的看法。芝加哥是个好人之城，陌生人对我都只有满满的善意。

芝加哥的日常犯罪率并没有在那12小时的时间内真正改变。然而，我对危险的主观判断却剧烈更新了两次。

145　　　根据量子贝叶斯主义，量子力学的概率是主观判断。不存在绝对准确、客观"就在那里"的概率。量子力学是一种工具，能让我们的主观判断尽可能准确。如果对同一个事件掌握的信息不同，人们会得出不同的概率。在光子的偏振被测量之前，你和我可能会同意竖直偏振的概率是50%。如果你进行测量，并且光子被发现是竖直偏振的，你会更新概率为100%。如果我不在房间里，在你把消息告诉我之前，我仍然认为它是50%。在那之前，概率50%和100%同等合理，因为它们都基于人能够获得的最佳信息。

因此，量子贝叶斯主义者认为**绝不存在任何远程作用**。如果我测量一个纠缠光子的偏振并发现它是水平偏振的，我会立即相信另一个光子也会是水平偏振的，并且确信度为100%。如果另一个光子正在向你行进，距离足足相隔一光年，我没有办法在另一个光子到达之前将我的知识传达给你；即使我以光速发送消息，你的光子也已经领先太多了。整整一年，你将继续相信水平偏振的概率为50%，而我知道实际上是100%。在量子贝叶斯主义者看来，我们两个都是正确的！我们都尽可能准确地使用量子力学和我们所拥有的信息。

量子贝叶斯主义者拒绝（虚心地？急躁地？）解释所观察的纠缠光子的相关性。相互关联是自然界的一个事实，而量子力学为我们提供了准确预测它们的数学工具。任何对相关性来源的猜测都不在物理科学的范畴之内。（这种态度有时被称为"闭上嘴计算去吧"。）既然相信量子贝叶斯主义的物理学家不猜测潜在的因果关系，那么猜测和讨论一定是来自……哲学家……或神学家、诗人或科幻作家？

我不会永久驻扎在量子贝叶斯主义者的阵营。但有时会感觉量子贝叶斯主义就像一阵清新的微风，一扫令人窒息的污浊难闻空气的混合。量子贝叶斯主义回避了测量前粒子的本质，什么构成测量，以及什么是深层现实等问题。量子贝叶斯主义者将这些问题排除在科学领域之外，因为它们都在问一些永远无法用科学确定的东西：在观测之前物体的状态。想推测测量前粒子的属性，或者想知道是什么隐形机制让一个光子总是与其孪生兄弟表现相同，这些想法并没错；只是当我们推测永远不可能直接观察到的东西时，我们就走出了量子贝叶斯主义者的科学领域。

　　物体在没有人注视时发生了什么？看似坚实的世界是否会消融为我们自己的假设和心理形象的幻象和妄想？当我们闭上眼睛时，这个可见的宇宙并没有从量子贝叶斯主义的存在中完全消失；观察的间隙可以由世界仍然存在这个主观判断填补。量子贝叶斯主义保留了我们的常识。量子力学被归类为一种预测工具，而非通往终极现实的入口。

　　量子贝叶斯主义消除了量子力学中蛛网般遍布的诡异之处（并转移到别的学科上）。不存在超距作用，（物理学内部）也不存在对不观察时的粒子在做什么的推测。但是，我们可以将这个想法推向量子贝叶斯主义创始者未曾预料的方向。如果我们真的相信直接观察是唯一的现实，那么看向夜空就是一个单一的真相；观察者与被观察的东西在逻辑上无法分离。保留定域性的要求，将引导我们把所有所见之物融为一体。

· 词汇表

贝尔不等式（Bell inequality）

在增加实验者可以自由选择探测器设置这一假设的条件下，定域实在性对可测量量施加的一项约束。

巧合（Coincidence）

在量子光学中，两个光子同时被探测到的情况。

哥本哈根诠释（Copenhagen interpretation）

一系列反对实在性的解释。量子力学是预测测量结果的工具，而不是描述粒子在没有人观察时在做什么的工具。

反事实确定性（Counterfactual definiteness）

这一假设指的是，我们可以陈述在与实际条件不同的条件下测量会出现的结果。推导贝尔不等式时隐含地使用了这个假设。贝尔不等式的推导，假设了粒子具有预先决定所有可能测量结果的属性。

探测漏洞（Detection loophole）

粒子探测器的效率受限带来的后果。除非效率足够高，否则我们必须假设所有入射粒子被探测到的概率相同，探测器不会优先探测到违背贝尔不等式的粒子。

选择自由漏洞（Freedom-of-choice loophole）

考虑粒子多多少少影响到探测器设置的可能性，或者一个未知因素既影响粒子又影响探测器设置。

隐变量（Hidden variables）

决定所有可能测量结果的未知属性或影响。

长度收缩（Length contraction）

以相对论速率移动的物体的长度变短。

定域性（Locality）

这一假设指的是，粒子的测量不受远处粒子测量的影响。

定域性漏洞（Locality loophole）

假想测量设备和纠缠粒子之间通信所带来的后果。如果快速且不可预测地更改了测量设备，以至于任何（不快于光速的）通信都不能使纠缠粒子违背贝尔不等式，则定域性漏洞关闭。

定域实在性（Local realism）

两种假设的组合：物体有属性，无论是否有人观察它们或知道它们是什么，这些属性都存在；对一个物体的测量不受对远处物体的测量的影响。作为常识，定域实在性与纠缠粒子的测量结果严格相违背。

多世界诠释（Many-worlds interpretation）

这种观点认为，深层现实是粒子所有可能状态的总和。互斥的结果出现在平行宇宙中，这些宇宙是一个深层现实的众多分支。

光子（Photon）

光的一个粒子。

偏振器（Polarizer）

一种材料，可以传输其电场被限制在单一平面内的光。

量子贝叶斯主义（QBism）

一种较新出现的量子力学解释，强调所有概率都是主观判断。

实在性（Realism）

这一假设指的是，物体具有实在的属性，无论是否有人观察或了解它们的情况。测量揭示了物体已经具有的属性。

相对论速率（Relativistic speed）

接近光速的速率。

超决定论（Superdeterminism）

这种观点认为，从宇宙大爆炸的那一刻起，宇宙中的每一个细节都是预先确定的。

时间膨胀（Time dilation）

对于以相对论速率运动的物体，时间的流逝变慢。

虫洞（Wormhole）

一条假想的贯通空间与时间的快捷通道。

· 注　释

前言

1　A. Einstein, M. Born, and H. Born (1971), *The Born-Einstein Letters* (Macmillan).

简介

2　G. Orwell (1949), *1984* (Secker & Warburg).

第一章

1　这个说法或许会引发争议，我们在第六章还会看到。测量一个粒子必然能帮我们预测关于另一个粒子的测量结果——在有些情形下可以100%确定。同样可以确定，测量第一个粒子时*有些东西*变了。测量不单揭示了粒子一直以来具有的属性。基于这些事实，我们很容易就觉得对一个粒子的测量立即影响到这两个粒子，然而并不是所有物理学家都同意这个说法。

2　公平地讲，我们必须认识到地心说是被基于观察的合理论证所支持的。比如，我们并不能感受到地球的运动，但我们却能感受到一艘船的移动。同样，眼睛没有工具辅助，也无法观察到*恒星视差*（stellar parallax）：由于地球绕太阳旋转带来的恒星彼此之间明显的相对运动。

3　为了简便，我假设隐变量是确定的（而非随机的）。然而，隐变量的关键特征是实在性：隐变量，*即便真的随机*，也决定了物体的属性，无论物体是否被观察。

第二章

1 这个效应首先由W. 革拉赫（W.Gerlach）和O. 斯特恩（O.Stern）展示（1922），"Der experimentelle Nachweis der Richtungsquantelung im Magnetfeld," *Zeitschrift für Physik* 9: 349−352。

2 A. Einstein, B. Podolsky, and N. Rosen (1935), "Can quantum-mechanical description of physical reality be considered complete?" *Physical Review* 47: 777−780.

3 J. Bell (1964), "On the Einstein Podolsky Rosen Paradox," *Physics* 1: 195−200. 奇怪的是，这篇文章的日期有时候会被错记为1965年，错误甚至出现在贝尔自己写的书里（2004），*Speakable and Unspeakable in Quantum Mechanics*, 2nd ed. (Cambridge University Press)。

4 这一平均数被称为量子关联（quantum correlation）。

第三章

1 这个过程被称为"自发参数下转换"。

2 分裂遵循能量守恒：每个红外光子都只有起初紫色光子能量的一半。

3 即便隐变量理论是概率论的，也就是光子的属性是在光子产生时被随机分配的，这个理论至少符合定域实在性。对比而言，量子理论则认为光子属性在测量前都是不确定的。

4 S. J. Freedman and J. F. Clauser (1972), "Experimental test of local hidden-variable theories," *Physical Review Letters* 28: 938−941.

5 J. Brody and C. Selton (2018), "Quantum entanglement with Freedman's inequality," *American Journal of Physics* 86: 412−416.

6 Philip Ball (2018), *Beyond Weird: Why Everything You Thought You Knew about Quantum Physics Is Different* (Basic Books).

第四章

1 这个例子部分基于V. Scarani (2006), *Quantum Physics—A First Encounter: Interference, Entanglement, and Reality* (Oxford University Press)。原创观点

来自 J. F. Clauser, M. A. Horne, A. Shimony, and R. A. Holt (1969), "Proposed experiment to test local hidden-variable theories," *Physical Review Letters* 23: 880–884。

2 现实中的分析器要更为复杂，因为我们不想阻挡任何光子。比如，我们会将水平偏振的光子引向一个探测器，而把垂直偏振的光子引向另一个探测器；每个分析器需要两个探测仪，还需要一个能根据偏振方向分离光子的仪器。

3 N. Gisin (2014), *Quantum Chance: Nonlocality, Teleportation and Other Quantum Marvels* (Springer International Publishing).我受到戴维·默明论文的影响，论文在这章后面部分引用。

4 A. Zeilinger (2010), *Dance of the Photons* (Farrar, Straus and Giroux), 基于 E. P. Wigner (1970), "On hidden variables and quantum mechanical probabilities," *American Journal of Physics* 38: 1005–1009; and B. d'Espagnat (1995), *Veiled Reality: An Analysis of Present-Day Quantum Mechanical Concepts* (Addison-Wesley).

5 假设两个偏振器之间的夹角在0°和90°之间。

6 更精确地说，我们知道另一个光子将会通过偏振器，如果这个偏振器的角度设置和第一个偏振器相同。

7 R. Penrose (2004), *The Road to Reality: A Complete Guide to the Laws of the Universe* (Alfred A. Knopf).

8 T. Maudlin (2002), *Quantum Non-Locality and Relativity*, 2nd ed. (Blackwell Publishing). 我的版本的莫德林的例子此前作为后记出现在我2017年出版的书 中（J. Brody, 2017），"Hidden Variables," in M. Brotherton (ed.), *Science Fiction by Scientists* (Springer), 67–79。

9 N. D. Mermin (1994), "Quantum mysteries refined," *American Journal of Physics* 62: 880–887.

10 N. D. Mermin (1990), "Quantum mysteries revisited," *American Journal of Physics* 58: 731–734. 我也从 J.-W. Pan, D. Bouwmeester, M. Daniell, H. Weinfurter, and A. Zeilinger (2000), "Experimental test of quantum nonlocality in three-

photon Greenberger-Horne-Zeilinger entanglement," *Nature* 403: 515−519找到了来源。

第五章

1 他们对光的波长也有不同意见（多普勒效应），而这可以从长度和时间间隔推导得出。基于这些不同意见，他们对相对于自己移动的物体速率也有不同意见。

2 地球当然是绕着自己的轴自转，同时它还在绕着太阳公转。太阳自己也在以一种复杂方式绕着银河系中心在运动。比起公交车加速，我们可以把地球想象为静止的。

3 孪生子悖论还有另一种解释。这种解释不直接涉及是否加速的讨论。https://en.wikipedia.org/wiki/Twin_paradox.

第六章

1 B. Skyrms (1982), "Counterfactual definiteness and local causation," *Philosophy of Science* 49: 43−50.

2 S. Hossenfelder (2014), "Testing superdeterministic conspiracy," *Journal of Physics: Conference Series* 504: 012018.

3 B. S. DeWitt and N. Graham (eds.) (2015), *The Many Worlds Interpretation of Quantum Mechanics* (Princeton University Press).

4 M. Schlosshauer (2005), "Decoherence, the measurement problem, and interpretations of quantum mechanics," *Reviews of Modern Physics* 76: 1267.

5 "扔掉公式"（throwing out of the equation）的过程被称为波方程的塌陷。

6 A. Aspect, J. Dalibard, and G. Roger (1982), "Experimental test of Bell's inequalities using time-varying analyzers," *Physical Review Letters* 49: 1804−1807.

7 2015年有三个团队获得这项成功：B. Hensen et al. (2015), "Loophole-free Bell inequality violation using electron spins separated by 1.3 kilometers," *Nature* 526: 682−686; M. Giustina (2015), "Significant-loophole-free test of Bell's theorem with

entangled photons," *Physical Review Letters* 115: 250401; L. K. Shalm et al. (2015), "Strong loophole-free test of local realism," *Physical Review Letters* 115: 250402.

8 A. S. Friedman et al. (2019), "Relaxed Bell inequalities with arbitrary measurement dependence for each observer," *Physical Review A* 99: 012121.

9 J. Handsteiner et al. (2017), "Cosmic Bell test: Measurement settings from Milky Way Stars," *Physical Review Letters* 118: 060401.

10 C. Abellán et al. (2018), "Challenging local realism with human choices," *Nature* 557: 212−216.

11 这个视频游戏现在还可以去玩：https://museum.thebigbelltest.org/quest/。

12 J. Maldacena and L. Susskind (2013), "Cool horizons for entangled black holes," *Fortschritte der Physik* 61: 781−811.

13 A. Einstein and N. Rosen (1935), "The particle problem in the general theory of relativity," *Physical Review* 48: 73−77.

14 N. Gisin (2014), *Quantum Chance: Nonlocality, Teleportation and Other Quantum Marvels* (Springer International Publishing).

15 正如E. A. Abbott (1884), *Flatland* (Seeley & Co.)。

16 Gisin, *Quantum Chance*.

17 T. Maudlin (2002), *Quantum Non-Locality and Relativity*, 2nd ed. (Blackwell Publishing).

18 A. J. Leggett (2003), "Nonlocal hidden-variable theories and quantum mechanics: An incompatibility theorem," *Foundations of Physics* 33: 1469−1493.

19 J. Cartwright (2007), "Quantum physics says goodbye to reality," *Physics World*, https://physicsworld.com/a/quantum-physics-says-goodbye-to-reality/.

20 O. Ulfbeck and A. Bohr (2001), "Genuine fortuitousness. Where did that click come from?" *Foundations of Physics* 31: 757−774.

21 C. A. Fuchs, N. D. Mermin, and R. Schack (2014), "An introduction to QBism with an application to the locality of quantum mechanics," *American Journal of Physics* 82: 749−754.

· 延伸阅读

图 书

Ball, Philip. 2018. *Beyond Weird: Why Everything You Thought You Knew about Quantum Physics Is Different*. Chicago: University of Chicago Press.

Becker, Adam. 2018. *What Is Real? The Unfinished Quest for the Meaning of Quantum Physics*. New York: Basic Books.

Brody, Jed. 2017. "Hidden Variables." In *Science Fiction by Scientists*, ed. Michael Brotherton, 67–79. Cham, Switzerland: Springer International Publishing.

Bub, Tanya, and Jeffrey Bub. 2018. *Totally Random: Why Nobody Understands Quantum Mechanics*. Princeton: Princeton University Press.

Capra, Fritjof. [1975] 2013. *The Tao of Physics: An Exploration of the Parallels between Modern Physics and Eastern Mysticism*, 5th ed. Boulder: Shambhala Publications.

Gilder, Louisa. 2008. *The Age of Entanglement: When Quantum Physics Was Reborn*. New York: Alfred A. Knopf.

Gisin, Nicolas. 2014. *Quantum Chance: Nonlocality, Teleportation and Other Quantum Marvels*. New York: Springer International Publishing.

Greenstein, George S. 2019. *Quantum Strangeness: Wrestling with Bell's Theorem and the Ultimate Nature of Reality*. Cambridge, MA: MIT Press.

Herbert, Nick. 1985. *Quantum Reality: Beyond the New Physics*. New York: An chor Books.

Kaiser, David. 2011. *How the Hippies Saved Physics*. New York: W. W. Norton & Company.

Maudlin, Tim. [1994] 2002. *Quantum Non-Locality and Relativity*, 2nd ed. Mal den, MA: Blackwell Publishing.158

Scarani, Valerio. 2006. *Quantum Physics—A First Encounter: Interference, Entan glement, and Reality*. Trans. Rachel Thew. New York: Oxford University Press.

Zeilinger, Anton. 2010. *Dance of the Photons*. New York: Farrar, Straus and Giroux.

论文

Fuchs, Christopher A., N. David Mermin, and Rudiger Schack. 2014. "An intro duction to QBism with an application to the locality of quantum mechanics." American Journal of Physics 82: 749–754.

Kwiat, Paul G., and Lucien Hardy. 2000. "The mystery of the quantum cakes." American Journal of Physics 68: 33–36.

Mermin, N. David. 1981. "Bringing home the atomic world: Quantum myster ies for anybody." American Journal of Physics 49: 940–943.

Mermin, N. David. 1985. "Is the moon there when nobody looks? Reality and the quantum theory." Physics Today 38: 38–47.

Mermin, N. David. 1990. "Quantum mysteries revisited." American Journal of Physics 58: 731–734.

Mermin, N. David. 1994. "Quantum mysteries refined." American Journal of Physics 62: 880–887.

Siegfried, Tom. Jan. 27, 2016. "Entanglement is spooky, but not action at a distance," Science News.

·索 引*

B

Bell, John 约翰·贝尔 24−29, 39. See also Bell inequalities 也可见:"贝尔不等式"

Bell inequalities 贝尔不等式 26, 30, 39−42, 47, 67, 123−124, 126, 132, 134−135, 142

Bohm, David 戴维·玻姆 142

Bohr, Niels 尼尔斯·玻尔 xv. See also Copenhagen interpretation 也可见:"哥本哈根诠释"

C

Coincidence 巧合(同时探测到两个光子) 37−38

Copenhagen interpretation 哥本哈根诠释 xvii, 143

Counterfactual definiteness 反事实确定性 125−128

D

Detection loophole 探测漏洞 132−133

---

* 索引标注页码为原书页码,即本书边码。

E

Einstein, Albert　阿尔伯特·爱因斯坦　xv, xvii–xix, 1, 22, 39, 99–102, 117, 136, 140

F

Fair sampling　公正取样　*See* Detection loophole见："检测漏洞"

Freedom-of-choice loophole　自由选择漏洞　134–135

H

Heisenberg, Werner　维尔纳·海森堡　xvii

Hidden variables　隐变量　5–9, 12–13, 17–18, 24–26, 51, 94

L

Local hidden variables　定域隐变量　*See* Hidden variables见："隐变量"

Locality　定域性　3, 14–15, 18, 22–23, 26, 39, 53–54, 66–67, 74, 77, 82–83, 123, 127, 138, 140, 142–143 *See also* Local realism也可见："定域实在性"

Locality loophole　定域性漏洞　133–134

Local realism　定域实在性　3–4, 14–18, 24–26, 29–30, 39–45, 53–54, 72–74, 85, 90–93, 96, 121–125, 133–135, 138

M

Many-worlds interpretation　多世界诠释　127–131

Maudlin, Tim　蒂姆·莫德林　74, 141

Measurement problem　测量问题　129, 141

Mermin, N. David　戴维·默明　84

P

Polarization (of light) （光的）偏振　33−36

Planck, Max　马克斯·普朗克　xv

Q

QBism　量子贝叶斯主义　144−147

Quantum decoherence　量子退相干　141−142

R

Realism　实在性　3, 10−13, 18, 22−23, 26, 39, 53, 67, 74, 77, 82−83, 123, 138, 140, 142−143. S　*See also* Local realism也可见"定域实在性"

Relativity　相对论

　　apparent conflict with quantum entanglement　和量子纠缠的明显冲突　117−119

　　length contraction　长度收缩　110−112

　　time dilation　时间膨胀　105−110

　　twin paradox　孪生悖论　108−110

S

Schrodinger, Erwin　埃尔文·薛定谔　xv−xvi

Special relativity　狭义相对论 *See* Relativity见："相对论"

Spin　自旋　19−20

Superdeterminism　超决定论　126, 134, 138

Z

Zeilinger, Anton　安东·蔡林格　60, 91

图书在版编目（CIP）数据

量子纠缠 /（美）杰德·布罗迪著；周晓青译. 北京：商务印书馆, 2024. —（交界译丛）. — ISBN 978 - 7 - 100 - 24561 - 6

Ⅰ. O413

中国国家版本馆CIP数据核字第2024GN3820号

权利保留，侵权必究。

量 子 纠 缠

〔美〕杰德·布罗迪　著

周晓青　译

商 务 印 书 馆 出 版
（北京王府井大街36号　邮政编码 100710）
商 务 印 书 馆 发 行
山西人民印刷有限责任公司印刷
ISBN　978 - 7 - 100 - 24561 - 6

2025年1月第1版　　　开本 889×1194　1/32
2025年1月第1次印刷　　印张 5¾

定价: 58.00元